Franco Del Popolo
Dr. Stefan Marxer

ALLES UNTER EINEM HUT

SICHER UNTERWEGS IN DER PILZWELT

at VERLAG

VORWORT 13

KAPITEL 1

WARUM IST DIE PILZ-SUCHE SO FASZINIEREND? 15

Sammelbestimmungen im deutschsprachigen Raum 16
Bedrohte Pilze und das Thema Artenschutz 17
Nachhaltiges Sammeln = nachhaltiges Finden 19
Ist der Pilz noch frisch? – Qualitätskontrolle von Pilzen 20
»Falsche« Pilzvergiftung 2.0: Welche Pilze sind roh giftig? 25
Die fabelhafte Welt der Pilzgerüche 28

KAPITEL 2

DAS UNBEKANNTE REICH DER FUNGI UND DIE FRAGE: WAS IST EIGENTLICH EIN PILZ? 31

Mykorrhiza-Pilze und das Geheimnis der Symbiose 34
Parasitäre Pilze – auf der Jagd nach neuen Wirten 36
Saprobionte Pilze – die großen Recycler des Waldes 38

KAPITEL 3

WELCHER BAUM IST DAS UND WELCHE PILZE KANN ICH BEI IHM FINDEN? 41

Die Rotbuche und ihre Pilze 44
Die Eiche und ihre Pilze 46
Die Birke und ihre Pilze 48
Die Esche und ihre Pilze 50
Die Fichte und ihre Pilze 52
Die Weißtanne und ihre Pilze 54
Die Kiefer oder Rot-Föhre und ihre Pilze 56
Die Lärche und ihre Pilze 58

KAPITEL 4

GRUNDLAGEN DER PILZSYSTEMATIK UND DER WEG ZUR SICHEREN PILZ-BESTIMMUNG 61

Wie werden Pilze wissenschaftlich klassifiziert? 63
Die Farbe der Sporen – ein wichtiges Bestimmungsmerkmal 67
»Lamellen-Pilze« oder »Blätter-Pilze« 68
Die Sprödblättler – Täublinge und Milchlinge 70
Die Wulstlinge – die giftigste Gattung im Pilzreich 72
Die Schirmlinge – die Verwandtschaft des Parasols 74
Die Schleierlingsverwandten – die größte Pilzfamilie, doch kaum essbar 76
Die Champignons – wohlbekannt, oder doch nicht? 78
***Die* Röhrlinge – die Pilz»familie« schlechthin** 80
Die Porlinge und die Kraft der »Baumschwämme« 82
Die Aphyllophorales oder »Nichtblätterpilze« 84
Die Leistlinge – wie viele Pfifferlings-Arten kennt ihr? 86
Die »Bauchpilze« – Bovist, Stäubling und Co. 88
Morcheln, Giftlorcheln, Becherlinge – willkommen bei den Schlauchpilzen 90

KAPITEL 5

DIE WICHTIGSTEN GIFTPILZE IM PORTRAIT 93

Die gefährlichsten Pilze auf einen Blick 94
Welche Symptome treten bei Pilzvergiftungen wann auf? 97

Phalloides-Syndrom – Knollenblätterpilz und Co.
Grüner Knollenblätterpilz 100
Frühlings-Knollenblätterpilz 102
Kegelhütiger Knollenblätterpilz 104
Gift-Häubling 106
Fleischbräunlicher Schirmling 108

Orellanus-Syndrom – Rauköpfe und Co.
Orangefuchsiger Raukopf 110
Spitzgebuckelter Raukopf 112
Dottergelber Klumpfuß 114

Muskarin-Syndrom – Trichterlinge und Co.
Bleiweißer Firnis-Trichterling 116
Ziegelroter Risspilz 118
Rettich-Helmlinge 120

Pantherina-Syndrom – Pantherpilz und Co.
Pantherpilz 122
Fliegenpilz 124
Narzissengelber Wulstling 126

Bufotenin-Vergiftung
Gelber Knollenblätterpilz 127

Gyromitra-Syndrom – Giftlorcheln
Frühjahrs-Lorchel 128

Rhabdomyolyse-Syndrom
Grünling 130
Gemeiner Erd-Ritterling 132

Paxillus-Syndrom
Kahler Krempling 134

Polyporsäure-Syndrom
Zimtfarbener Weichporling 136

Omphalotus-Syndrom
Dunkler Ölbaumtrichterling (Ölbaumpilz) 138

Gastrointestinales Syndrom – Satanspilz und Co.
Riesen-Rötling 140
Tiger-Ritterling 142
Bauchweh-Koralle 144
Blutroter Hautkopf 145
Bocks-Dickfuß 146
Breitblättriger (Holz-)Rübling 147
Dickschaliger Kartoffelbovist 148
Großer Rettich-Fälbling 149
Grünblättriger Schwefelkopf 150
Satansröhrling 152
Schönfuß-Röhrling 153
Bärtiger Ritterling 154
(Gemeiner) Schwefel-Ritterling 155
Seifen-Ritterling 156
Spitzschuppiger Stachel-Schirmling 157
Kronenbecherling 158

KAPITEL 6

HUNDERT LECKERE SPEISEPILZE IM PORTRAIT 161

Röhrlinge

Sommer-Steinpilz 164
Fichtensteinpilz 165
Birkenpilz und Rotkappen 166
Verwechslungsgefahr: Gallenröhrling 168
Maronenröhrling 169
Flockenstieliger Hexenröhrling 170
Netzstieliger Hexenröhrling 172
(Gemeiner) Rotfußröhrling 173
Ziegenlippe 174
Pfefferröhrling 175
Butterpilz 176
Gold-Röhrling 177
Kuhmaul (Großer Schmierling) 178
Kupferroter Gelbfuß 179
Samtfuß-Holz-Krempling 180

Leistlinge

Echter Pfifferling 182
Amethystschuppiger Pfifferling 184
Verwechslungsgefahr: Falscher Pfifferling 185
Trompeten-Pfifferling 186
Starkriechender (Trompeten-)Pfifferling 187
Herbsttrompete (Totentrompete) 188
Schweinsohr 189

Stachelpilze

Semmelstoppelpilze 190
Habichtspilz 192

Täublinge

Frauen-Täubling 194
Grüngefelderter Täubling 195
(Fleischroter) Speise-Täubling 196
Verwechslungsgefahr: Kirschroter Spei-Täubling 197
Wiesel-Täubling 198
Verwechslungsgefahr: Stink-Täubling 199
Gelber Graustiel-Täubling 200
Ocker-Täubling (Zitronen-Täubling) 201
Roter Herings-Täubling 202
Rotstieliger Leder-Täubling 203

Verwechslungsgefahr: Stachelbeer-Täubling 204
Dickblättriger Schwärz-Täubling 205
Schmalblättriger Weiß-Täubling 206

Milchlinge

Edel-Reizker 208
Fichten-Reizker 210
Lachs-Reizker 211
Brätling (Milchbrätling) 212
Verwechslungsgefahr: Birken-Milchling 214
Verwechslungsgefahr: Maggipilz (Bruch-Milchling) 215
Verwechslungsgefahr: Pfeffer-Milchling 216
Wolliger Milchling 217
Mohrenkopf-Milchling 218
Verwechslungsgefahr: Pechschwarzer Milchling 219

Porlinge

Schwefelporling 220
Leberreischling (Ochsenzunge) 221
Birken-Porling 222
Flacher Lackporling 223
Schmetterlingstramete 224
Rotrandiger Baumschwamm 226
Zunderschwamm 227

Weitere Aphillophorales oder »Nicht-Blätterpilze«

Krause Glucke 228
Riesen-Bovist 230
Flaschen-Stäubling 232
Verwechslungsgefahr: Gewimperter Erdstern 233
Eselsohr 234
Herkuleskeule 235
Judasohr 236
Rötlicher Gallerttrichter 237
Stinkmorchel 238

Schlauchpilze – Morcheln und Co.

Speise-Morchel 240
Spitz-Morchel 242
Käppchen-Morchel 243
Aderiger Morchelbecherling 244
Rote Kelchbecherlinge 245
Sommer-Trüffel 246

Schirmlinge
Parasol (Riesenschirmling) 248
Olivbrauner Safranschirmling 250
Verwechslungsgefahr: Gift-Riesenschirmling (Gerandetknolliger Garten-Safranschirmling) 252

Champignons
Schaf-Champignon – Weißer Anis-Champignon 254
Wiesen-Champignon 255
Verwechslungsgefahr: Karbol-Champignon (Karbol-Egerling) 256

Wulstlinge
Kaiserling 258
Perlpilz (Rötender Wulstling) 260
Grauer Wulstling 262
Fuchsiger Scheidenstreifling 264
Großer Scheidling 265

Haarschleierlinge
Reifpilz (Zigeuner) 266
Ziegelgelber Schleimkopf 267
Schleiereule 268
Violette Schleierlinge 269

Ritterlinge
Mairitterling (Maipilz) 270
Rötelritterlinge 272
Schwarzfaseriger Ritterling 274
Purpurfilziger Holzritterling 275

Weitere Lamellenpilze
Grüner Anis-Trichterling 276
Mönchskopf 277
Stockschwämmchen 278
Gemeiner Hallimasch (Dunkler Hallimasch) 280
Verwechslungsgefahr: Gefleckter Flämmling 282
Verwechslungsgefahr: Sparriger Schüppling 283
Voreilender Ackerling (Früher Ackerling) 284
Behangener Faserling 285
Brauner Büschel-Rasling 286
Großer Mehl-Räsling 288
Echter Knoblauch-Schwindling (Echter Mousseron) 290
Schopf-Tintling 292
Nelken-Schwindling 294

Fichten-Zapfenrübling 295
Elfenbein-Schneckling 296
Frost-Schneckling 297
Gemeiner Samtfuß-Rübling 298
Austern-Seitling 300

KAPITEL 7
WILLKOMMEN IM REICH DER PILZGENÜSSE 305

Wichtiges vor dem Genuss 306
Haltbarkeit 307
Trocknen 308
Pilzpulver 309
Vitalpilze – ein Muss für jede Hausapotheke 310
Unsere Lieblingsrezepte mit Pilzen 312
Der beste Burger deines Lebens 312
Pilz-Butter – für Vegetarier und Nicht-Vegetarierinnen 313
Pilz-Sauce aus getrockneten Schätzen 314
Pilz-Ramen 315

ANHANG
Glossar der Fachausdrücke 318
Weiterführende Links 321
Dank 322
Autoren 323
Bildnachweis 324
Alphabetische Listen 326

PILZ-BESTIMMUNGSSCHLÜSSEL 328
Bestimmung der Hauptgruppen 330
Teilschlüssel 1: Röhrlinge 331
Teilschlüssel 2: Lamellenpilze, Sprödblättler 331

Liebe Pilzfreundinnen, Pilzfreunde und alle, die es noch werden möchten,

wir möchten uns an dieser Stelle kurz vorstellen und einen Ausblick geben, was euch in unserem Pilz-Buch erwartet.

Wir, das sind Franco Del Popolo – diplomierter Pilzkontrolleur und Pilzsachverständiger in Deutschland, Österreich und der Schweiz sowie Leiter von »Franco's Pilzlehrschule« – und Dr. Stefan Marxer, österreichischer Pilzberater und »Pilz-Influencer«, der auf YouTube als »Mykohunter365« ganzjährig den Schätzen des Waldes auf der Spur ist.

Uns beide verbindet eine gute Freundschaft und die Begeisterung für Pilze – diese unscheinbaren, aber ungemein faszinierenden Waldbewohner –, die wir in diesem Buch mit euch teilen möchten.

Genauso vielfältig wie das komplexe Hobby der Pilz-Suche sind auch die Themen in unserem Buch. Wir beschäftigen uns bewusst mit mehr als nur einzelnen Arten und deren Beschreibung, da erfahrungsgemäß mehr dazugehört, um sicher auf die Suche zu gehen und die Faszination für Pilze ganz ausschöpfen zu können.

Euch erwarten in diesem Buch:

- Einblicke in die anfänglich komplexe Systematik der Pilze, die aber enorm wichtig für eine sichere Bestimmung ist,
- Portraits aller wichtigen Baumarten und ihrer Pilze,
- Portraits aller wichtigen Giftpilze, um Verwechslungen von vornherein vorzubeugen,
- Portraits von über 100 Speisepilzen,
- Tipps rund um die Verarbeitung der gefundenen Pilze sowie
- ein Glossar mit den wichtigsten Fachausdrücken.

Wir wünschen euch viel Spaß bei der Suche und der Bestimmung der Pilz-Köstlichkeiten!

Franco Del Popolo und Dr. Stefan Marxer

KAPITEL 1

WARUM IST DIE PILZ-SUCHE SO FASZINIEREND?

Die Gründe für die Faszination der Pilz-Suche sind vielfältig, sie reichen von der reinen Sammelleidenschaft, der Freude an der Bewegung in der Natur bis hin zur Nahrungsmittelbeschaffung. Eine Besonderheit hat die Pilz-Suche allerdings an sich: Sie begeistert über alle Altersstufen hinweg gleichermaßen. Der Jubel über frische Steinpilze, Parasole und Pfifferlinge ist universell ansteckend!

Wenn wir bedenken, für wie viel Freude und Genuss diese drei Pilze schon gesorgt haben, lässt sich erahnen, wie viele Glücksgefühle und Gaumenfreuden die mehreren hundert Speisepilze im deutschsprachigen Raum noch hervorrufen können. Daher möchten wir euch in den folgenden Kapiteln mit über 100 essbaren Pilz-Arten, aber auch allen wichtigen Giftpilzen, einen nachvollziehbaren Überblick über die Vielfalt an (Speise-)Pilzen geben. Noch mehr Pilze vorzustellen, schien uns bei den weit über 10000 verschiedenen Pilz-Arten, die uns in Deutschland, Österreich und der Schweiz begegnen können, gerade für Pilz-Anfängerinnen und -Anfänger nicht sinnvoll.

Neben der reinen Wissensvermittlung würden wir uns als Nebeneffekt dieses Buches wünschen, dass die Pilz-Welt einen insgesamt höheren Stellenwert in unserer Gesellschaft bekommt, da wir alle – abgesehen von der reinen Kulinarik – auch im täglichen Leben von diesen unscheinbaren Lebewesen profitieren.

SAMMELBESTIMMUNGEN IM DEUTSCHSPRACHIGEN RAUM

Die häufigsten Fragen an uns Pilzexperten sind: »Wie viele Pilze darf ich wann und wo sammeln?« und »Gibt es Arten, die geschützt sind und nicht gesammelt werden dürfen?«

Unsere Antworten: Für den gesamten deutschsprachigen Raum gilt eine ungefähre Richtmenge von zwei Kilogramm Pilzen pro Person und Tag. Je nach Bundesland bzw. Kanton gibt es hiervon geringfügige Abweichungen. Ebenso gibt es Abweichungen beim Zeitraum, in dem gesammelt werden darf; in einigen Regionen gelten zeitliche Einschränkungen. Gleiches gilt für bestimmte Pilz-Arten, die je nach Land einen unterschiedlich starken Schutzstatus genießen. Auch die Listen der bedrohten Arten variieren. Die Links zu den länderspezifischen Bestimmungen und Roten Listen findet ihr im Anhang dieses Buchs.

Grundsätzlich ist in den meisten Wäldern das Sammeln von Pilzen erlaubt, sofern es nicht durch Schilder oder Waldbesitzer ausdrücklich untersagt ist. Ebenso sollten wir in Naturschutzgebieten, Parks oder Kernzonen (Gebieten, in denen sich die Natur unbeeinflusst vom Menschen entwickeln kann) auf unsere Leidenschaft verzichten. Diese Gebiete sind wichtige Rückzugsorte für viele seltene Arten und daher unbedingt schonenswert!

Uns ist wichtig, euch ein gewisses Maß an Eigenverantwortung ans Herz zu legen, sodass wir alle mit einem guten Gewissen der Pilz-Suche nachgehen können, ohne den sensiblen Waldbewohnern zu schaden.

BEDROHTE PILZE UND DAS THEMA ARTENSCHUTZ

Nun widmen wir uns zwei polarisierenden Themen: dem Artenschutz von Pilzen und den »Verhaltensregeln« für eine schonende Pilz-Suche. Wir wollen hier nicht mit gehobenem Zeigefinger agieren oder euch die Freude am Sammeln schmälern, sondern ein Bewusstsein dafür schaffen, dass erstens viele Pilze gefährdet sind, und zweitens wir uns alle mehr für einen nachhaltigen Umgang mit den Pilzen stark machen sollten! Während Tiere und Pflanzen vor dem Gesetz oft einen hohen Schutzstatus genießen, führt der Artenschutz im Pilzreich eher ein Schattendasein. Dass im gesamten deutschsprachigen Raum mittlerweile rund jeder dritte Pilz als zumindest gefährdet oder sogar bedroht gilt, macht deutlich, dass hier Handlungsbedarf besteht.

Die Ursachen für die Gefährdung reichen von Biotopzerstörung bis Veränderung durch Land-, Forst- und Wasserwirtschaft, über Flächenversiegelung und Klimawandel bis zur menschlichen Übernutzung. Auch wenn wir Pilzsuchende an diesem Prozess nur den geringsten Anteil haben, ist es doch wichtig, dass wir uns unserer Eigenverantwortung bewusst sind. Eine gute Mahlzeit wiegt nicht die Gefährdung einer seltenen Pilz-Art auf! Pilze sind über Millionen von Jahren entstanden und spielen einzeln oder in Verbindung mit anderen Arten eine elementare Rolle im Ökosystem Wald.

1 Einer der bedrohtesten heimischen Pilze ist mittlerweile der wunderschöne Kaiserling.

2 Auch das Vorkommen der früher häufigeren Eichhasen geht aufgrund von Lebensraumzerstörung stark zurück.

3 Die imposanten Stachelbärte benötigen uraltes Totholz als Habitat, das durch intensive Forstwirtschaft kaum noch zu finden ist.

4 Die bildschönen Schweinsohren sind regional noch durchaus häufig zu sehen, ihre Anzahl geht insgesamt aber stark zurück.

Die Anzahl einiger Speisepilze – nämlich die der Arten Kaiserling, Eichhasen, Stachelbärte und Schweinsohren – ist in den letzten Jahren bzw. Jahrzehnten stark zurückgegangen, diese Pilze kommen im gesamten deutschsprachigen Raum oft nur mehr an vereinzelten Standorten vor. In diesen letzten Rückzugsgebieten sind sie zwar durchaus häufig anzutreffen, insgesamt aber sind sie leider vom Verschwinden bedroht und sollten daher von uns verschont bleiben.

NACHHALTIGES SAMMELN = NACHHALTIGES FINDEN

Wir alle kennen den Spruch: »Wenn ich sie nicht nehme, nimmt sie der Nächste!« Mit diesem Leitspruch sind schon Generationen von Pilzsuchern und Pilzsucherinnen durch die Wälder gezogen und haben teilweise regelrecht alles Essbare geplündert, was ihnen vor das Pilzmesser gekommen ist. Da gerade ein Hype rund um die Faszination des Pilzsuchens stattfindet, möchten wir zu einem nachhaltigeren Umgang mit dieser begrenzten Ressource beitragen und neue Leitmotive etablieren, da viele Pilze immer seltener werden.

Denn auch unser Sammelverhalten hat entgegen der allgemeinen Auffassung einen Einfluss auf die Vielfalt und den Reichtum von Wäldern. Wenn von beliebten Pilz-Arten wie den Steinpilzen, den Pfifferlingen und Co. in intensiv besuchten Gebieten sämtliche Fruchtkörper gesammelt werden, fehlen die Sporen, über die sich die Pilze verbreiten, um neue Gebiete zu besiedeln (woran wir alle Freude hätten) und die Art langfristig an dem jeweiligen Standort zu etablieren.

Wir müssen uns vor Augen führen, dass ein Exemplar einer bedrohten Art wenig für unseren jeweiligen Sucherfolg ausmacht, aber mit seinen Millionen Sporen einen großen Einfluss auf die Existenz seiner Art im Wald haben kann!

Hier ein paar Punkte, mit denen wir unseren kleinen Freunden helfen können:

- Keine alten Exemplare sammeln!
- Pilzbabys verschonen – das Absammeln aller Fruchtkörper, noch bevor sie in der Lage sind auszusporen, reduziert die Vorkommen langfristig!

- Generell keine Pilze abbrechen, umwerfen oder zertreten – auch unbekannte oder giftige Arten wollen in Ruhe gelassen werden!
- Von unbekannten Arten nur ein bis zwei Exemplare entnehmen, um sie bestimmen zu lassen.
- Andere Suchende freundlich auf diese Punkte hinweisen.
- Die Königsdisziplin ist: Immer etwas stehen lassen!
  Wir sammeln nie den gesamten Bestand von Pfifferlingen und Co. ab, sondern lassen einige Exemplare zwecks Aussporen und als Nahrung für andere Waldbewohner, die oftmals von, in und mit Pilzen leben, zurück.

Hier noch ein Praxis-Tipp aus unzähligen Pilzwanderungen: Seid besonders zu Beginn eurer Suche kritisch, was die Qualität von Pilzen angeht. Anfangs landet oft jedes noch so alte oder kaputte Exemplar im Korb, sodass es die Heimreise oder eine Nacht im Kühlschrank nicht überlebt.

Damit sind wir auch schon beim nächsten wichtigen Thema: der Qualitätskontrolle.

IST DER PILZ NOCH FRISCH? – QUALITÄTSKONTROLLE VON PILZEN

Wir alle kennen das: Der Wald ist übervoll mit den schönsten Pilzen und schon beginnt der Pilz-Rausch. Schnell landen zu viele Pilze im Korb, oftmals sind nicht nur gute darunter. Der Verzehr von zu alten oder verdorbenen Speisepilzen ist die Hauptursache für Unverträglichkeiten von Pilzen, das sind quasi »falsche Pilzvergiftungen«. Solche Lebensmittelvergiftungen können sehr unangenehm sein, zu Hospitalisierungen führen und sind daher nicht zu verharmlosen.

Wie können wir dem vorbeugen? Gerade für Neulinge im Wald eine schwierige und heikle Frage. Für einen sicheren Qualitätscheck müssen folgende Kriterien beim Pilz-Sammeln beachtet werden:

Farbe
Je nach Pilz-Art gibt es sichtbare Unterschiede mit zunehmendem Alter. Oftmals bleichen Farben aus oder gehen ins Braune oder Orange.

Größe
Besonders große, ausgewachsene Exemplare deuten auf ein fortgeschrittenes Alter hin und sollten unberührt zum Aussporen im Wald bleiben.

Form
Eindeutige Indizien für ältere Pilze sind nach oben gerichtete Hutränder. So entlässt der reife Pilz seine Sporen leichter in den Wind.

Konsistenz
Gerade bei Steinpilzen reicht ein Drucktest zur Qualitätskontrolle. Ist der Hut weich und nachgiebig (und die Druckstelle sichtbar), bleibt er im Wald.

Innenleben
Stark madige Pilze sollten wir zurücklassen, leichter Befall ist aus unserer Sicht kein Qualitätsmangel.

Nur wenn all diese Punkte positiv bewertet werden, landet der Pilz im Korb!

Neben den aufgelisteten Frische-Merkmalen müssen gerade größere Pilze, insbesondere Röhrlinge, auf Schimmelbefall kontrolliert werden. Befallene Exemplare sind an gelb-orangen Verfärbungen und Verformungen sowie am unangenehmen Geruch leicht erkennbar und verbleiben ausnahmslos im Wald.

1 Alte Riesen mit aufgerichtetem Hutrand sollten zur Vermehrung im Wald bleiben.

2 Bei Röhrlingen ist immer auf Goldschimmel zu achten.

3 Auch junge (Stein-) Pilze können komplett verschimmelt sein.

4 Am Beispiel der Wald-Champignons sieht man deren Alter am Farbverlauf der Lamellen.

5 Pfifferlinge mit orangenen Tönen sind zu alt zum Verzehr.

1

2

3

4

5

»FALSCHE« PILZVERGIFTUNG 2.0: WELCHE PILZE SIND ROH GIFTIG?

Es ist wichtig zu wissen, welche Pilze roh giftig sind, denn oft führt der Verzehr von rohen Pilzen aus Unwissenheit zu Unverträglichkeiten und in seltenen Fällen sogar zum Tod.

Kurz gesagt: Sehr viele Speisepilze sind roh (stark) giftig! Dieser Fakt ist grundsätzlich kein Grund zur Sorge, wir würden ja auch viele fleischliche Nahrungsmittel niemals roh verzehren. Aber er muss bei der Zubereitung beachtet werden, denn Fakt ist auch: Die Giftstoffe in vielen Pilzen werden bei ausreichender Erhitzung umgewandelt und damit unschädlich gemacht. Daher gilt es, Pilzgerichte immer ausreichend zu erhitzen. Je nach Zubereitungsmethode sprechen wir dabei von 10 bis 20 Minuten. Beim beliebten Panieren ist das oft nicht möglich. In dem Fall helfen wir uns, indem wir kleine, maximal fingerdicke Stücke zubereiten, die schneller gar werden.

Wichtig zu wissen: Die wirklich gefährlichen Pilzgifte, wie zum Beispiel die in Knollenblätterpilzen, sind hitze-stabil und können mit Hitze nicht neutralisiert werden!

Dieser Punkt ist auch nach dem Trocknen von Speisepilzen zu beachten. Zwar verbessert der Trocknungsprozess deren Bekömmlichkeit, aber trotzdem empfehlen wir das Erhitzen! Auch wenn einige wenige Pilze (wie Steinpilze, Zucht-Champignons, Austernpilze) roh genießbar sind, empfehlen wir immer eine warme Zubereitung – allein schon aus Gründen der Verdaulichkeit.

1

2

3

BELIEBTE SPEISEPILZE, DIE GUT GEGART WERDEN MÜSSEN

1 Der Hallimasch (Seite 280) ist ein sehr beliebter Speisepilz, der roh als hochgiftig einzustufen ist und unbedingt lange erhitzt werden muss.

2 Der Parasol (Seite 248) ist unser geliebter Klassiker, der Jahr für Jahr zu Hunderten Unverträglichkeiten führt, da er roh Magen-Darm-giftig ist.

3 Der Perlpilz (Seite 260) ist genau wie der Hallimasch roh hochgiftig.

4 Bei blauenden Röhrlingen wie Hexenröhrlingen (Seite 170, 172) ist ebenfalls gutes Garen empfehlenswert.

5 Auch die beliebten Morcheln (Seite 240) sind roh giftig und sollten nur gegart und im jungen Zustand verspeist werden.

6 Der Schwefelporling (Seite 220) muss ebenfalls ausreichend erhitzt werden.

DIE FABELHAFTE WELT DER PILZGERÜCHE

Sowohl in Bezug auf die Beurteilung der Qualität als auch für die Bestimmung einzelner Arten spielt der Geruch der Pilze eine ganz wesentliche Rolle. Außerdem ist die Vielfalt an unterschiedlichen Pilz-Gerüchen ein überaus faszinierender Aspekt.

Ein wichtiger Hinweis: Gerüche werden von Menschen verschieden wahrgenommen. Jeder sollte sich also seine Meinung zu einem Geruch selbst definieren. Und Gerüche können witterungsbedingt ganz, teilweise oder gar nicht wahrgenommen werden. Gerüche von Pilzen dürfen auch nicht mit dem Geschmack verwechselt werden. Zum Beispiel kann ein Pilz übel riechen und trotzdem mild im Geschmack sein.

Folgende Liste zeigt Beispiele von Pilzen mit ihren typischen Gerüchen.

Geruch	*Pilzart*
Aas	Stinkmorchel, Tintenfischpilz, Roter Gitterling, Satansröhrling
Alkalisch, chlorartig	Morchelbecherling
Angenehm pilzartig	Steinpilze, Wiesenchampignon
Anis	Anis-Champignon, Schafchampignon, Aniszähling, Weißer Anistrichterling
Apfelkompott	Gallentäubling, Stachelbeertäubling
Aromatisch	Echter Pfifferling (Syn. Eierschwamm)
Aufdringlich süßlich	Nebelkappe (Syn. Nebelgrauer Trichterling/Röteltrichterling)
Bitter	Gallenröhrling, Schönfußröhrling, Wurzelnder Bitterröhrling
Bittermandel	Mönchskopf (Syn. Mönchskopftrichterling)
Blattwanzen	Eichenmilchling
Erdbeeren	Perigord-Trüffel
Fauler Kohl	Gemeiner Stinkschwindling
Fenchel	Fenchelporling
Fisch	Brätling, Stinktäubling
Fruchtartig	Stachelbeertäubling, Starkriechender Pfifferling
Gasartig	Birnenstäubling (Syn. Birnenbovist), Lästiger Ritterling, Schwefelritterling
Gurken	Mairitterling (Syn. Maipilz), Gurkenschnitzling, Schuppiger Porling, Voreilender Ackerling
Heizöl	Orangeschneckling (Syn. Terpetinschneckling)
Hering	Brätling, alle Heringstäublinge, Violettstieliger Pfirsichtäubling/Brätlingstäubling

Holzig	Geflecktblättriger Flämmling
Honigartig	Grüner Knollenblätterpilz, Kegelhütiger Knollenblätterpilz
Kakao	Kakaofälbling, Perigord-Trüffel
Karbol/Tinte	Karbol-Champignon, Rebhuhn-Champignon, Perlhuhn-Champignon (anderer Name: Egerling)
Kartoffelkeller	Gelber Knollenblätterpilz, Porphyrbrauner Wulstling
Kirschbaum (wilder)	Mönchskopf (Syn. Mönchskopftrichterling)
Knoblauch	Knoblauch-Schwindlinge
Lauch	Shiitake
Leder	Violetter Schleierling (Syn. Mitternachtspilz)
Mandarinenschale	Elfenbeinschneckling
Maggi	Maggipilz (Syn. Bruchreizker)
Marzipan	Wohlriechender Schneckling, Marzipanfälbling
Mehl	Mairitterling (Syn. Maipilz), Mehlräsling Gifthäubling, Riesenrötling, Tigerritterling, Grünling
Muskatnuss	Wintertrüffel
Nitrat	Gelbstieliger Nitrathelmling, Stahlblauer Rötling
Nussartig	Parasol (Syn. Riesenschirmling)
Orangenblütenwasser	Semmelstoppelpilz
Parfümiert	Violetter Rötelritterling (Syn. Nackter Rötelritterling)
Raubtierkäfig (Zoo)	Grüner Knollenblätterpilz (im älteren Stadium)
Rettichartig	Grauer Wulstling, Pantherpilz, Rettich-Helmlinge, Großer Rettichfälbling, Spitzgebuckelter Raukopf
Rohes Fleisch	Laubwald-Anhängselröhrling
Säuerlich	Schwefelporling, Gallenröhrling, Kahler Krempling
Schweißfüße	Bocksdickfuß
Schwefel	Schwefelritterling
Senfsoße	Sonnentäubling
Spermatisch	Risspilze (allgemein, häufig), Frühjahrslorchel
Stadtgas/Leuchtgas	Kartoffelboviste
Teer	Spechttintling
Terpentin	Orangeschneckling (Syn. Terpetinschneckling)
Veilchen	Veilchen-Rötelritterling
Verbranntes Horn	Bocksdickfuß
Waschküche/Waschmittel	Seifenritterling, Breitblättrige Glucke
Weihrauch	Olivgelber Schleimkopf
Weintrauben	Dichtblättriger Schwärztäubling
Würzig	Schweinsohr, Starkriechender Leistling, Austern-Seitling, Speisemorchel, Frühjahrslorchel
Zedernholz	Zedernholztäubling, Olivgelber Schleimkopf, Violetter Schleierling (Syn. Mitternachtspilz)
Ziegenbock	Bocksdickfuß

KAPITEL 2

DAS UNBEKANNTE REICH DER FUNGI UND DIE FRAGE:

WAS IST EIGENTLICH EIN PILZ?

Die banale Antwort auf die Frage, was ein Pilz ist: Ein Pilz ist ein Pilz! Viele von uns sind mit der falschen Annahme aufgewachsen, dass Pilze zum Reich der Pflanzen zählen – was komplett falsch ist. Neben den Tieren und Pflanzen bilden die Pilze das dritte große Reich der höheren Lebewesen, mit dem Unterschied, dass sie und ihre Bedeutung für die Ökosysteme der breiten Bevölkerung meist weitgehend unbekannt sind.

Die Rolle der Pilze für unsere Entstehungsgeschichte, unsere Ökosysteme und unseren Alltag (etwa ihre Verwendung für viele chemische Prozesse, z.B. in der Waschmittelherstellung, für Medikamente und für viele beliebte Lebensmittel wie Bier, Wein, Brot) wird leider in den Schulen über alle Jahrgangsstufen hinweg kaum thematisiert. Zehn Tier- und zehn Pflanzenarten aufzuzählen, fällt uns allen kinderleicht, bei zehn Pilz-Arten ist das schon deutlich schwieriger. Tatsächlich gibt es 120 000 wissenschaftlich erfasste Pilz-Arten, manche Schätzungen gehen von über drei Millionen Pilz-Arten weltweit aus.

Wichtig für das Verständnis: Wir beschäftigen uns in diesem Buch mit »Großpilzen«, die per Definition mit dem bloßen Auge erkennbar sind. Die noch umfangreichere Welt der »Kleinstpilze«, zu denen beispielsweise Schimmelpilze zählen, lassen wir hier außer Acht.

Bei den Großpilzen sind für uns vorwiegend deren Fruchtkörper interessant, der eigentliche Pilzkörper (= das Myzel) lebt verborgen im Boden oder im Holz versteckt – und das ganzjährig. Er besteht aus fadenförmigen Zellen, sogenannten »Hyphen«, die in ihrer Gesamtheit das Myzel ausmachen.

Auch die für uns sichtbaren Fruchtkörper setzen sich aus verdickten Hyphen zusammen. Hat der unterirdische Pilz genug Energie gesammelt, bringt er unter günstigen Bedingungen, abhängig vorwiegend von Temperatur und Feuchtigkeit, artspezifische Fruchtkörper hervor. Diese dienen der Vermehrung und beherbergen Abermillionen von Sporen pro Pilz.

Ein Blick in die Evolutionsgeschichte zeigt, dass die Pilze, deren Stammbaum rund eine Milliarde Jahre zurückreicht, entscheidend waren, um pflanzliches Leben und erst deutlich später, tierisches Leben auf diesem Planeten zu ermöglichen. Schätzungsweise leben noch heute über 90 Prozent der Landpflanzen in einer Verbindung mit Pilzen.

Kurz gesagt: Unser Planet wäre ohne Pilze ein völlig anderer! Insbesondere unsere Wälder, so wie wir sie kennen, würden ohne Pilze schlichtweg nicht »funktionieren«. Strukturreiche Standorte mit alten und jungen Bäumen, Totholz und viel organischer Masse sind Brutstätten für eine bunte Pilzvielfalt. Pilze sind an wesentlichen auf- und abbauenden Prozessen beteiligt, unterstützen Bäume, aber auch Sträucher, Gräser und Flechten beim Wachstum und fungieren als wichtige Zersetzer und Recycler im Wald. Ohne Pilze und andere Destruenten würde der Wald an Laub- und Nadelstreu, das sich bald meterhoch türmen würde, an sich selbst ersticken.

Daher werden wir uns auf den nächsten Seiten mit den drei wesentlichsten Lebensweisen im Pilzreich näher beschäftigen, um einerseits dieses Wissen für unsere nächste Pilz-Suche nutzen zu können, aber noch wichtiger: um die Bedeutung der Pilze für uns und die Natur besser zu verstehen und sie mehr wertzuschätzen!

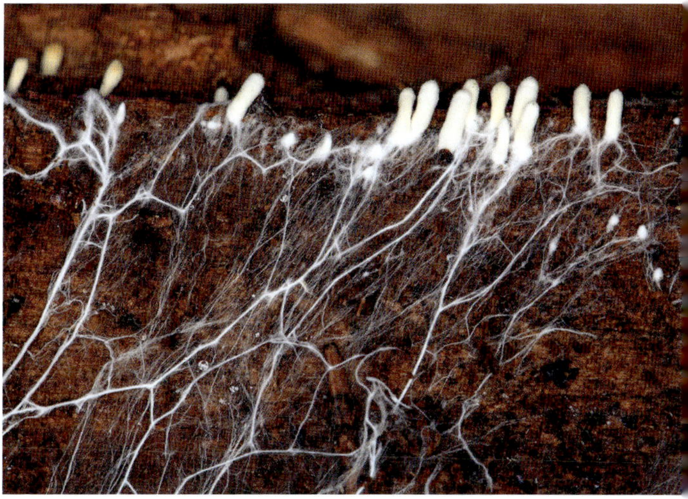

Aus den fadenförmigen Hyphen bilden sich unter günstigen Bedingungen Fruchtkörper, also Pilze aus.

MYKORRHIZA-PILZE UND DAS GEHEIMNIS DER SYMBIOSE

Rund die Hälfte aller heimischen Pilz-Arten gehen eine sogenannte »Mykorrhiza«-Bindung mit verschiedensten Pflanzen ein. Diese Verbindung kann in unterschiedlichen Formen vorkommen. Neben der arbuskulären Mykorrhiza (die keine Fruchtkörper hervorbringt) und der Endo-Mykorrhiza (die beispielsweise bei Orchideen vorkommt) ist für uns die Ekto-Mykorrhiza-Bindung interessant. Diese Form der Symbiose betreiben unsere hiesigen Baumarten, die sich mit unterschiedlichen Pilz-Arten verbünden. (Die jeweiligen Bäume und ihre dazugehörigen Pilz-Partner werden in Kapitel 3 näher beleuchtet.)

Während Bäume durch Photosynthese (die Pilze nicht betreiben können) Kohlenhydrate und damit »Energieträger« produzieren, können Pilze mit ihren feinen Hyphen, Enzymen und Säuren Wasser und Nährstoffe im Untergrund besser aufschließen und den Bäumen als Tauschgeschäft anbieten. Beide gewinnen! Gerade für Jungbäume ist diese Partnerschaft elementar, um sich in der Welt der Wälder zu etablieren.

Was bedeutet das aber für uns Pilz-Sucherinnen und -Sucher? Die Partnerschaft zwischen einem bestimmten Baum und einer oder mehreren Pilz-Arten ist standorttreu und mitunter sehr langlebig – mehrere Jahrzehnte sind möglich. Dieses Hintergrundwissen ermöglicht uns, solche »produktiven« Plätze gezielt aufzusuchen und über Generationen dankbar zu beernten.

AUF EINEN BLICK

WICHTIGE PILZFAMILIEN, DIE IN SYMBIOSEN LEBEN

1 Mit Ausnahme der seltenen Holzröhrlinge sind alle Steinpilzverwandten (Seite 164–181) Mykorrhiza-Pilze.

2 Auch die gesamte Eierschwammerl-Verwandtschaft (Seite 182–188) wächst standorttreu.

3 Sowohl die Täublinge (Seite 194–206) als auch die Milchlinge (Seite 208–219) leben in Symbiose mit verschiedenen Laub- und Nadelbäumen.

4 Fliegenpilz, Kaiserling und Knollenblätterpilz sowie alle weiteren Wulstlinge (Seite 258–265) leben als Mykorrhiza-Pilze.

5 Ebenso die größte Pilzfamilie im deutschsprachigen Raum: die Haarschleierlinge (Seite 266–269).

PARASITÄRE PILZE – AUF DER JAGD NACH NEUEN WIRTEN

Per Definition befallen Parasiten lebendes Gewebe. Das können Bäume, Sträucher, Gräser als auch tierische Lebewesen sein. Letztere lassen wir hier außer Acht, auch wenn die Pilze der Gattungen (Sub)Cordyceps zu Weltruhm gelangt sind. Wir konzentrieren uns auf die Baum-Parasiten, da in dieser Gruppe viele interessante Speise- und vor allem Vitalpilze (Seite 310) zu finden sind.

Wie die Mykorrhiza-Pilze sind auch die Parasiten auf Baum-»Partner« angewiesen. Ihr Vorkommen ist jedoch für uns Pilz-Suchende schwieriger zu sehen und wesentlich variabler. Parasiten befallen schwache oder verletzte Bäume, breiten sich in ihnen aus (sie zersetzen ihren Wirt quasi bei lebendigem Leib) und bringen unter günstigen Bedingungen Fruchtkörper hervor. Diese können dann über einige Jahre am selben Stamm wiederkommen, bis der Baum letztendlich abstirbt. Wo und welcher Baum gerade befallen ist, bleibt für uns lange Zeit verborgen. So ergeben sich Jahr für Jahr neue, unvorhersehbare Fundorte.

Rein fachlich unterscheiden wir zwischen Braunfäule und Weißfäule auslösenden Pilzen. Erstere bewirken den Abbau von Cellulose in holzigen Pflanzen. Schwefelporling, Rotrandiger Baumschwamm und Ochsenzunge sind einige bekannte Beispiele. Bei der Weißfäule hingegen wird Lignin durch Pilze (wie den Zunderschwämmen oder Schmetterlings-Trameten) abgebaut. Dieser Prozess ist elementar, um die im Holz gebundenen Nährstoffe wieder dem Wald-Kreislauf zurückzuführen. So übernehmen die Parasiten eine wichtige Rolle im Ökosystem. Zudem fällen sie alte Baumriesen und sorgen somit für neues Licht und damit Leben am Waldboden.

AUF EINEN BLICK

WICHTIGE PILZE, DIE ALS PARASITEN LEBEN

1 Die aus forstwirtschaftlicher Sicht wohl gefürchtetsten Parasiten unserer Wälder sind die Hallimasche (Seite 280).

2 Auch der Austern-Seitling (Seite 300) lebt parasitär auf geschwächtem Holz.

3 Der Birken-Porling (Seite 222) befällt ausschließlich schwache Birken.

4 Mit der Krausen Glucke (Seite 228) lebt einer der besten Speisepilze überhaupt parasitär an Kiefern.

5 Einer der »aggressivsten« Baum-Parasiten ist zweifellos der Schwefelporling (Seite 220).

SAPROBIONTE PILZE – DIE GROSSEN RECYCLER DES WALDES

Im Hinblick auf den Stoffkreislauf im Wald führen die saprobionten Pilze zu Ende, was die Parasiten begonnen haben. Sie zersetzen das anfallende abgestorbene organische Material. Viele Parasiten können nach dem Absterben ihres Wirts in eine saprobionte Lebensweise übergehen. Dann spricht man von sogenannten Primärzersetzern (wie zum Beispiel dem Austern-Seitling, Schwefelporling oder Shiitake), die das abgestorbene Holz weiter zersetzen.

Erst nach einem weiteren Abbau durch Mikroorganismen kommen die Sekundärzersetzer an die Reihe. Bekannte Beispiele finden sich auf der nächsten Seite. Sofern eine passende Nährstoffquelle vorhanden ist, können sie überall hervorkommen. So finden sich in Parks, in Beeten oder auf Spielplätzen oft unerwartete Pilzfunde – die allerdings aufgrund ihrer zu hohen Schwermetallkonzentrationen nicht für den Verzehr geeignet sind!

Im Unterschied zu den Mykorrhiza-Pilzen können viele saprobionte Pilze gut gezüchtet werden. Trotz jahrelanger weltweiter Forschungsarbeit ist es – mit Ausnahme bei den Trüffeln – bisher nicht gelungen, die Verbindung zwischen Baumwurzel und Pilzmyzel zu kopieren und kommerziell nutzbar zu machen. Bei vielen Saprobionten wie Champignons, Seitlingen, Shiitakes oder Morcheln reicht es jedoch, den Pilzen ein passendes Substrat zur Verfügung zu stellen – schon wachsen sie, wo und wann man möchte.

AUF EINEN BLICK

WICHTIGE PILZE, DIE SAPROBIONT LEBEN

1 Der Ursprung der modernen Pilzzucht: Den Anfang machten die Champignons (Seite 254).

2 Mittlerweile können auch Morcheln (Seite 240) kommerziell gezüchtet werden.

3 Auch die Parasol-Verwandtschaft, hier Safranschirmlinge (Seite 250), zersetzen angefallenes Laub und Nadelstreu.

4 Der Klassiker im Herbst: Rötelritterlinge (Seite 272) wachsen gerne in Laubhaufen.

5 Der Schopf-Tintling (Seite 292) kommt auch an unwirtlichen Standorten wie auf Forststraßen gerne hervor.

6 Die vielen anspruchslosen Stäublings-Arten leben saprobiont an verschiedensten Standorten.

KAPITEL 3

WELCHER BAUM IST DAS, UND WELCHE PILZE KANN ICH BEI IHM FINDEN?

Um den Geheimissen der Pilze und natürlich letztendlich ihren Fundorten auf die Schliche zu kommen, ist es unerlässlich, die wichtigsten Baumarten zu kennen. Die meisten Speisepilze sind unmittelbar auf Bäume angewiesen, entweder als Mykorrhiza-Partner, als Wirt (Parasiten) oder als Nährstoffquelle (Saprobionten).

Daher möchten wir auf den nächsten Seiten kurz die für uns relevantesten Laub- und Nadelbäume sowie ihre zugehörigen (Speise-) Pilzarten vorstellen. Neben ihren Erkennungsmerkmalen, Verbreitungsgebieten und natürlich »ihren« zugehörigen Pilzen folgen besondere Hinweise, da jede dieser Baumarten ihre ganz eigene Beziehung zu Pilzen hegt.

Bei allen Baumarten und Standorten gilt – ähnlich wie bei der Pilzsuche –, aufmerksam auf Details zu achten. Oftmals ragen die Kronen von Baumriesen weit über unsere Köpfe hinweg, was eine Baum-Bestimmung über frische Blätter oder Nadeln erschwert. Hier hilft es, im Fußbereich nach herabgefallenen Ästen, Blättern oder Nadeln Ausschau zu halten, die Rinde zu studieren und darüber den Baum zu bestimmen.

Mit der Zeit entwickelt sich mit einem aufmerksamen Blick nicht nur ein Gefühl für die jeweilige Baumart, sondern auch für den Standort an sich. Aussichtsreiche Standorte ähneln sich zudem, was die Zusammensetzung der Baumarten, deren Alter, als auch deren Unterwuchs betrifft. So können wir mit ein bisschen Übung vielversprechende von »schlechten« Suchplätzen unterscheiden und schon vor der Pilz-Suche anhand der Bäume kalkulieren, welche Pilze wir hier finden könnten!

AUF EINEN BLICK

BÄUME ALS PILZ-PARTNER

1 Rotbuche
2 Eiche
3 Birke
4 Esche
5 Fichte
6 Tanne
7 Kiefer
8 Lärche

1
2
3
4
5
6
7
8

DIE ROTBUCHE

UND IHRE PILZE

ERKENNUNGSMERKMALE

Diesen imposanten Baum, der über 300 Jahre alt und über 30 Meter hoch werden kann, kennzeichnet – im Unterschied zu seinem »Verwechslungspartner«, der Hainbuche (die für weitaus weniger Speisepilzarten interessant ist) – eine glatte, einheitliche Rinde (ohne Risse oder Narben) und Blätter mit einem glatten, ungezackten Blattrand.

VERBREITUNGSGEBIET UND STANDORTMERKMALE

Vor den grundlegenden Umstrukturierungen durch eine über Jahrhunderte andauernde intensive Forstwirtschaft war die Rotbuche die von Natur aus weitverbreitetste Baumart in Mitteleuropa – bis zu einer Seehöhe von rund 800 Metern. Ihre einst weitreichenden Verbreitungsgebiete wurden jedoch drastisch reduziert und Rotbuchenvorkommen in vielen Gegenden durch ertragreichere, schnell wachsende Fichten-Monokulturen ersetzt.

PILZVORKOMMEN

Unter den Laubbäumen ist die Rotbuche – was ihre Beziehung zu Pilzen angeht – ein Generalist. Durch seine einstige Vormachtstellung ist dieser Baum im Laufe seiner Evolution viele Pilzpartnerschaften eingegangen und sowohl für zahlreiche Mykorrhiza-Pilze, Parasiten- und Saprobionten-Pilze interessant. In wärmeren Gebieten lassen sich zwischen Mai und mittlerweile November diverse Röhrlinge, Täublinge, Pfifferlings-Arten sowie viele mehr in seiner Nähe finden. Gerade für Winterpilze (Austern-Seitlinge, Seite 300, Samtfuß-Rüblinge, Seite 298, und Judasohren, Seite 236) sind schwache oder abgestorbene Rotbuchen unerlässlich.

DIE ROTBUCHE IN BILDERN

1 Der graue und glatte Stamm ist typisch.

2 Der Stamm wächst gerade.

3 Im Unterschied zu den Hainbuchen haben Rotbuchen-Blätter keinen gezackten Rand.

4 Die Bucheckern reifen im Spätsommer heran.

3

4

DIE EICHE

UND IHRE PILZE

ERKENNUNGSMERKMALE

Spricht man bei uns von Eichen, handelt es sich meist um zwei ähnliche Arten der Stiel- und der Traubeneiche. Beide sind an ihren typischen gelappten, ausgebuchteten Blättern sowie der gefurchten Rinde leicht von anderen Baumarten zu unterscheiden.

VERBREITUNGSGEBIET UND STANDORTMERKMALE

Beide Arten tolerieren niederschlagsarme Standorte (400–450 mm Jahresniederschlag), wobei die Stieleiche auch wasserbeeinflusste Gebiete besiedelt und in immer mehr ehemaligen Auwäldern die Esche ersetzt – was neue Standorte für diverse Mykorrhiza Pilzarten sein könnten.

PILZVORKOMMEN

Wie bei den Rotbuchen leben zahlreiche Röhrlinge, Täublinge und Pfifferlings-Arten in einer Mykorrhiza-Bindung mit Eichen, wobei hier in mediterranen Gebieten mit dem Schwarzkappen-Steinpilz und dem Kaiserling (Seite 258) zwei echte Raritäten zu finden sind.

Unter den parasitären Pilzen sticht der Schwefelporling (Seite 220) hervor, der an Eichen gerne riesige Fruchtkörper ausbildet. Die Ochsenzunge (Seite 221) ist hier ebenfalls zu erwähnen.

Im Vergleich zur Rotbuche finden sich auf Eichen weitaus weniger saprobionte Pilze, die wir als Speise- oder Vitalpilze nutzen können.

DIE WICHTIGSTEN SPEISEPILZE BEI EICHEN

Sommer-Steinpilz	Seite 164
Frauen-Täubling	Seite 194
Schwefelporling	Seite 220
Kaiserling	Seite 258

DIE EICHE IN BILDERN

1, 2 Ältere Bäume sind gekennzeichnet durch eine graubraune, rissige Borke.

3 Ihre typischen gelappten Blätter grenzen die Eiche eindeutig von anderen Baumarten ab.

4 Ihre Samen, die Eicheln, dienen Waldbewohnern als Nahrung.

1

2

3

4

DIE BIRKE

UND IHRE PILZE

ERKENNUNGSMERKMALE

Durch ihre weißliche Rinde, die ihr als Sonnenschutz dient, ist die Birke unverwechselbar und schon von Weitem leicht zu bestimmen und zu entdecken.

VERBREITUNGSGEBIET UND STANDORTMERKMALE

Die Birke zählt zu den sogenannten »Pionierbaumarten« oder »Primärbesiedlern« unter den Laubbäumen, das heißt, sie wächst vergleichsweise schnell als Jungbaum heran. An Waldrändern fühlt sie sich ebenfalls wohl und bringt dort gerne diverse Pilze hervor. Im Alter verliert sie ihre Konkurrenzvorteile, weshalb wir in älteren, dichten Waldbeständen oft abgestorbene Birken finden – die trotzdem für uns als Pilz-Suchgebiete interessant sind. Ihr relativ junges Maximal-Alter von rund 150 Jahren ist ebenfalls ein Konkurrenz-Nachteil.

PILZVORKOMMEN

Die Birke weist ein vielfältiges Artenspektrum an Speise- und Vitalpilzen auf und wird von uns bei jeder Suche aktiv angesteuert. Mit dem Chaga, der eher in kühleren Gebieten vorkommt, und dem weitverbreiteten Birken-Porling bringt sie zwei der anerkanntesten Vitalpilze überhaupt hervor. Unter den Mykorrhiza-Pilzen sind die unverwechselbaren Rotkappen sowie die Birkenpilze zu finden.

DIE WICHTIGSTEN SPEISE- UND VITALPILZE BEI BIRKEN

Birkenpilz/Rotkappen	Seite 166
Gelber Graustiel-Täubling	Seite 200
Birken-Porling	Seite 222
Giftpilze: Fliegenpilz	Seite 124

DIE BIRKE IN BILDERN

1, 2 Ihr weißer Stamm mit schwarzen Stellen ist unverwechselbar.

3, 4 Die Blätter sind rundlich oval bis dreieckig und weisen gesägte Blattränder auf.

1

2

3

4

DIE ESCHE

UND IHRE PILZE

ERKENNUNGSMERKMALE

Während diese imposante Baumart nach dem Frühling anhand ihrer gefiederten Blätter praktisch unverwechselbar ist, stellt ihre sichere Bestimmung im Frühjahr vor dem Blattaustrieb durchaus eine Herausforderung dar. Wir orientieren uns an der typischen Rindenfarbe und -struktur (Abbildungen Seite 51) sowie an den unverwechselbaren schwarzen Knospen der geschlossenen Blätter.

VERBREITUNGSGEBIET UND STANDORTMERKMALE

Europaweit sind die Vorkommen von Eschen durch einen Schadpilz (Falsches Weißes Stängelbecherchen) bedroht und in den letzten 20 Jahren stark dezimiert worden. Eschen sind typische Bäume in Auwäldern, sie bevorzugen feuchte, basische Böden und weisen somit ein komplett anderes Artenspektrum auf als in den oftmals sauren Buchen-, Eichen- und Fichtenwäldern. Größere Bestände finden sich entlang von Flussläufen jeder Größe und in Quellgebieten.

PILZVORKOMMEN

Die Esche ist *der* Baum für die Pilzsuche im Frühjahr schlechthin, ist sie doch der wichtigste Standortanzeiger für die beiden Pilz-Highlights dieser Jahreszeit: die (Speise)Morcheln (Seite 240) und die Aderigen Morchelbecherlinge (Seite 244). Beide treten vermehrt in unmittelbarer Nähe zu Eschen auf, wobei bei den Morcheln sogar eine fakultative Mykorrhiza-Bindung zu Eschen vermutet wird. Im Winter können wir Austern-Seitlinge (Seite 300) und Samtfuß-Rüblinge (Seite 298) im Auwald entdecken.

DIE ESCHE IN BILDERN

1, 2 Mit etwas Erfahrung reichen Farbe und Stammmusterung zur schnellen Bestimmung aus.

3 Die typischen Blätter entfalten sich meist erst nach der Morchel-Saison.

4, 5 Unverwechselbar sind die schwarzen Knospen der Eschenblätter.

1

2

3

4

5

DIE FICHTE

UND IHRE PILZE

ERKENNUNGSMERKMALE

»Die Fichte sticht die Tanne nicht« – mit diesem einfachen Sprichwort können diese auf den ersten Blick ähnlichen Nadelbäume gut unterschieden werden. Die Fichtennadeln wachsen zudem rund um den Ast und nicht wie bei der Tanne in einer Ebene. Die braune Rinde sowie die im Alter gebogenen, herabhängenden Äste sind weitere Merkmale der Fichte.

VERBREITUNGSGEBIET UND STANDORTMERKMALE

Natürlich kommt die Fichte in eher nördlichen, höhergelegenen Regionen vor. Von diesem ursprünglichen Verbreitungsgebiet hat dieser Baum über die letzten Jahrhunderte einen Siegeszug über ganz Europa angetreten und ist inzwischen der »Brotbaum« der Forstwirtschaft schlechthin. Während die Fichte von Natur aus höhergelegene Standorte (ab 800 m) bevorzugt, wird sie mittlerweile auch in tieferen Lagen flächendeckend kultiviert und ist im gesamten deutschsprachigen Raum die mit Abstand häufigste Baumart – wobei Prognosen zufolge Borkenkäfer und Klimawandel ihr enormes Verbreitungsgebiet in Zukunft wieder reduzieren werden.

PILZVORKOMMEN

Wie die Rotbuche im Laubwald ist die Fichte ein Generalist, was Mykorrhiza-Bindungen angeht. Eine enorme Pilzvielfalt ist die Folge. Unter günstigen Bedingungen bringen Fichtenbestände, die oft in Monokulturen angebaut werden, regelrechte Massenvorkommen an Steinpilzen und Pfifferlingen hervor. Als Totholz-Besiedler ist lediglich der Rotrandige Baumschwamm als Vitalpilz erwähnenswert.

DIE FICHTE IN BILDERN

1, 2 Die Stammfärbung der Fichte ist typisch braun.

3, 5 Ihre spitzen Nadeln wachsen rund um die Äste herum.

4 Die Fichtenzapfen bieten nicht nur dem Fichten-Zapfenrübling (Seite 295) eine Heimat.

1

2

3

4

5

DIE WEISSTANNE

UND IHRE PILZE

ERKENNUNGSMERKMALE

Im Unterschied zu den Fichten, die durchaus spitze Nadeln aufweisen, haben die Nadeln der Tannen runde Enden. Zudem finden sich bei ihnen an der Nadel-Unterseite zwei typische »Striche«, die Tannen eindeutig kennzeichnen. Der bei der Weißtanne namensgebende, weiß-graue, eher helle Stamm grenzt sie von den bräunlichen Fichten ab.

VERBREITUNGSGEBIET UND STANDORTMERKMALE

Mit einer Höhe von bis zu 60 Metern zählen die Tannen zu den höchsten Baumarten Mitteleuropas und können ein stolzes Alter von rund 600 Jahren erreichen. Vor dem Siegeszug der Fichte waren die Tannen die weitverbreitetste Nadelbaumart in unseren Breiten. Mit ihrem Rückgang ist auch die Anzahl einiger Pilz-Arten, wie zum Beispiel der erste Mykorrhiza-Pilz des Jahres, der Märzschneckling, stark zurückgegangen, sodass sie mittlerweile als bedroht gelten.

PILZVORKOMMEN

Mit den Trompeten-Pfifferlingen (Seite 186) und den Starkriechenden (Trompeten-)Pfifferlingen (Seite 187, eher im Mittelgebirge) finden sich zwei hervorragende Pfifferlingsverwandte bei Tannen. Der Tannen- oder Lachs-Reizker ist ebenfalls ein häufiger, aber regional mittlerweile bedrohter Begleiter. Aus der Fraktion der Vitalpilze ist der Dunkle Lackporling (*Ganoderma carnosum*), ein Verwandter des Flachen Lackporlings (Seite 223), auf alten Tannenbäumen zu finden – als enger Verwandter des Reishi ist er nicht zu unterschätzen.

DIE WICHTIGSTEN SPEISE- UND VITALPILZE BEI WEISSTANNEN

Trompeten-Pfifferling	Seite 186
Starkriechender (Trompeten-)Pfifferling	Seite 187
Fichtensteinpilz	Seite 165
Lachs-Reizker	Seite 211

DIE WEISSTANNE IN BILDERN

1, 2 Die Stämme der Weißtanne sind deutlich heller als die der Fichte.

3, 4 Im Unterschied zur Fichte sind die Nadeln der Weißtanne an der Spitze rund und weisen zwei typische »Striche« an der Unterseite auf.

1

2

3

4

DIE KIEFER ODER ROT-FÖHRE

UND IHRE PILZE

ERKENNUNGSMERKMALE

Die Rot-Föhre oder Kiefer ist, wie der Name schon verrät, leicht an ihrer rot-orangen Rindenfärbung vor allem im oberen Stammbereich erkennbar. Die typische Musterung ihrer Rinde, die einer plattenartigen Aneinanderreihung von Rindenstücken (Abbildung Seite 57) ähnelt, sowie die langen, immer doppelten Nadeln machen diesen Nadelbaum unverkennbar.

VERBREITUNGSGEBIET UND STANDORTMERKMALE

Ursprünglich kam die Kiefer über weite Teile Europas natürlich vor und ist überaus anpassungsfähig an verschiedene Standorte. Mit ihrem tief reichenden Wurzelsystem ist sie im Vergleich zu Fichten zudem widerstandsfähiger. Während reine Kiefern-Monokulturen, die gerade in Deutschland flächendeckend zu finden sind, oftmals keine idealen Suchgebiete für viele Pilzarten sind, bereichern einzelne Kiefern Mischwälder mit einem tollen Artenspektrum und werden von uns bei jeder Suche gezielt angesteuert.

PILZVORKOMMEN

Die Kiefer ist unser Favorit unter den Nadelbäumen, da unter und an ihnen wunderbare Pilze zu finden sind – mit der Krausen Glucke (Seite 228) vielleicht der beste Speisepilz überhaupt. Kiefern-Steinpilz, Butterpilz, Sand- und Kuhröhrling sind gängige Symbiosepartner. Mit dem Frost-Schneckling (Seite 297) wartet zudem der letzte Mykorrhiza-Pilz des Jahres, ein köstlicher noch dazu, auf uns. Seltenheiten wie die Böhmische Trüffel oder der Matsutake leben ebenfalls in einer Symbiose mit Kiefern. Saprobionte Speise- und Vitalpilze sind bei Kiefern rar.

DIE KIEFER IN BILDERN

1 Mit etwas Übung reicht die typische Musterung der Rinde zur Bestimmung.

2 Eindeutig ist die Rotfärbung der oberen Stammhälfte.

3, 4 Die doppelten Nadeln sind ein eindeutiges Bestimmungsmerkmal.

5 Die Kiefernzapfen reifen über den Winter und verteilen ihre Samen.

1

2

3

4

5

DIE LÄRCHE
UND IHRE PILZE

ERKENNUNGSMERKMALE

Spätestens im Herbst sind Lärchen unverkennbar, werfen sie doch als einziger Nadelbaum ihr Nadelkleid über den Winter ab. Den Rest des Jahres sind ihre feinen Nadeln in kleinen Büscheln angeordnet. Die Rinde ist gekennzeichnet durch lange Furchen in der Borke.

VERBREITUNGSGEBIET UND STANDORTMERKMALE

Obwohl Lärchen derzeit nur einen sehr geringen Anteil an den Baumbeständen im deutschsprachigen Raum ausmachen, sind sie definitiv eine der Baumarten der Zukunft, da sie vermehrt aufgeforstet und flächenmäßg häufiger vorkommen werden. Im Vergleich zu Fichten sind sie weniger sturmgefährdet und weniger anfällig für den Borkenkäfer. Alles in allem sind sie deswegen auch für Pilz-Sammelnde zusehends interessant.

PILZVORKOMMEN

Was die Artenvielfalt angeht, hinkt die Lärche im Vergleich zu den anderen hier vorgestellten Nadelbäumen zugegebenermaßen etwas hinterher. Trotzdem bietet auch sie verschiedenen Röhrlingen (Gold-Röhrling, Seite 177, Hohlfußröhrling, Grauer- und Rostbrauner Lärchen-Röhrling) eine »Heimat«. Der Gelbe Lärchen-Schneckling, ein Verwandter des Frost-Schnecklings (Seite 297), ist ihr zeitlich letzter Symbiosepilz im Jahr. Unter den Parasiten und Saprobionten sind der Nadelholz-Schwefelporling, der im Mittelgebirge vorkommt, und der Lärchenschwamm, dem heilende Wirkungen nachgesagt werden, erwähnenswert.

DIE LÄRCHE IN BILDERN

1, 2 Wie bei der Kiefer ist die Rinde der Lärche stark gefurcht.

3 Ihre kurzen Nadeln sind büschelig angeordnet.

4 Die Lärchenzapfen sind klein, zahlreich und hängen lange Zeit an den schmalen Ästen.

1

2

3

4

KAPITEL 4

GRUNDLAGEN DER PILZ-SYSTEMATIK UND DER WEG ZUR SICHEREN PILZ-BESTIMMUNG

An diesem Kapitel kommen Pilz-Sammelnde nicht vorbei. Wer Licht in die zugegeben anfänglich undurchschaubare und riesige Welt der Pilze bringen möchte, muss sich über kurz oder lang mit den Verwandtschaftsverhältnissen im Pilzreich beschäftigen.

Keine Sorge, wir haben uns für eine möglichst übersichtliche und nicht allzu wissenschaftliche Darstellung dieser durchaus komplexen Materie entschieden. Wir möchten auf den folgenden Seiten einen Überblick geben, welche Pilzfamilien und Gattungen es gibt – mit dem Hauptaugenmerk auf der Frage: Wo müssen wir aufpassen und in welchen Pilzfamilien gibt es giftige und tödliche Arten?

Mit dem Wissen, bei welchen Familien und Gattungen besondere Vorsicht geboten ist und bei welchen weniger (denn es gibt einige Familien und Gattungen, die keine oder nur leicht giftige Arten hervorgebracht haben), gehen wir alle doch wesentlich entspannter auf die Pilz-Suche, und Verwechslungen können leichter vermieden werden.

Unser Ziel ist, dass ihr nach dem Studieren dieses Kapitels die potenzielle Gefahr eurer Funde besser einschätzen könnt, auch wenn die gefundene Pilz-Art nicht eindeutig bestimmt werden kann. Das bedeutet natürlich nicht, dass dieses Wissen ausreicht, um unbekannte Pilze für Speisezwecke zu sammeln, aber es ist der erste Schritt in eine neue Welt und zu mehr Sicherheit beim Sammeln.

Die wichtigste Pilzfamilie für viele Sammlerinnen und Sammler ist die der Steinpilzverwandten.

WIE WERDEN PILZE WISSENSCHAFTLICH KLASSIFIZIERT?

An folgendem Beispiel möchten wir euch kurz aufzeigen, wie Pilze wissenschaftlich ein- bzw. zugeordnet werden. Für uns Sammelnde sind vorwiegend die Art- und Gattungsbezeichnungen wichtig – werden sie doch in jedem Sachbuch verwendet. Wir empfehlen auch eine Auseinandersetzung mit den dazugehörigen Familien und haben in den nächsten Kapiteln angeführt, in welchen Familien und auf welche Giftpilze jeweils geachtet werden muss.

Hier ein Beispiel für die wissenschaftliche Einordnung von Steinpilz und Fliegenpilz:

	Steinpilz	**Fliegenpilz**
Abteilung	Basidiomycota	Basidiomycota
Klasse	Agaricomyceten	Agaricomyceten
Ordnung	Dickröhrlingsartige (Boletales)	Champignonartige (Agaricales)
Familie	Dickröhrlingsverwandte (Boletaceae)	Wulstlingsverwandte (Amanitaceae)
Gattung	*Boletus*	*Amanita*
Art	*edulis*	*muscaria*

Anhand der jeweiligen Endungen der Fachbegriffe können wir ablesen, ob es sich um Ordnungen, Familien oder Gattungen handelt:

Boletales – Endung für Ordnungen
Boletaceae – Endung für Familien

Innerhalb der Ordnungen, Familien und Gattungen gibt es gewisse Gemeinsamkeiten, die uns dabei helfen können, Pilz-Arten schneller zu identifizieren (siehe Pilz-Bestimmungsschlüssel auf Seite 328).

SYSTEMATIK-ÜBERBLICK

Lamellenpilze

Sprödblätter

Röhrlinge

Porlinge

Nichtblätter-Pilze

Schlauchpilze

Die bunte Vielfalt der Sporenfarben zeigt sich am besten auf schwarzem oder weißem Hintergrund und hilft bei der Bestimmung.

DIE FARBE DER SPOREN – EIN WICHTIGES BESTIMMUNGSMERKMAL

Weiß bis ockergelb	**Rosa**	**Verschiedene Brauntöne**	**Schwarz**	**Gelblich-braun bis oliv**
Wulstlinge	Dachpilze	Haarschleierlinge	Tintlinge	Dickröhrlinge
Scheidenstreiflinge	Rötlinge	Häublinge	Gelbfüße	Filzröhrlinge
Saftlinge	Scheidlinge	Champignons	Schmierlinge	Schmierröhrlinge
Schnecklinge	Mehlräslinge	Träuschlinge	Faserlinge	Raustiel-Röhrlinge
Ritterlinge/Weichritterlinge	Rötelritterlinge/Röteltrichterlinge	Schüpplinge		Porlinge
Trichterlinge		Schwefelköpfe		
Lack-/Farbtrichterlinge		Risspilze		
Hallimasche		Fälblinge		
Raslinge		Ackerlinge		
Helmlinge		Faserlinge		
Rüblinge		Düngerlinge		
Schwindlinge		Stockschwämmchen		
Täublinge		Flämmlinge		
Milchlinge		Kremplinge		
Schirmlinge		Reifpilz		
Riesenschirmlinge		Trüffel		
Porlinge		Porlinge		
Morcheln				
Lorcheln				
Becherlinge				
Leistlinge				

Achtung: Verschiedene Gattungen besitzen zum Teil auch verschiedene Farbtöne. Als Beispiel: tabakbraun bis rostbraun.

»LAMELLEN-PILZE« ODER »BLÄTTER-PILZE«

Diese beiden Bezeichnungen sind gleichbedeutend und dienen als Überbegriffe für Pilze, die an ihrer Hutunterseite Lamellen – oder anders gesagt: Blätter – entwickelt haben; das trifft auf zwei Drittel aller Großpilze zu und scheint evolutionär die erfolgreichste Form im Pilzreich zu sein, da viele der dazugehörigen Pilz-Familien ein weites Verbreitungsgebiet aufweisen und eine enorme Artenvielfalt hervorgebracht haben.

Einige bekannte und für uns bedeutende Pilz-Familien und -Gattungen sind:

Familie	botanischer Name	Gattungen
Wulstlingsverwandte	Amanitaceae	Knollenblätterpilze
Schleierlingsverwandte	Cortinariaceae	Rauköpfe; Risspilze
Ritterlingsverwandte	Tricholomataceae	Rüblinge, Rötelritterlinge, Hallimasch, Schwindlinge
Rötlingsverwandte	Entolomataceae	Rötlinge, Räslinge
Tintlingsverwandte	Coprinaceae	Tintlinge
Champignonverwandte	Agaricaceae	Champignons, Riesenschirmlinge
Schnecklingsverwandte	Hygrophoraceae	Schnecklinge, Saftlinge
Träuschlingsverwandte	Strophariaceae	Schwefelköpfe, Stockschwämmchen

Die enorme Vielfalt an Gattungen und Arten erschwert uns oftmals eine schnelle, einfache und sichere Zuordnung oder gar Bestimmung. Auf den nächsten Seiten sind wichtige Familien und Gattungen mit ihren jeweiligen Erkennungsmerkmalen aufgeführt, die das Bestimmen der jeweiligen Arten erleichtern sollen.

Generell gilt: Die meisten tödlich giftigen Pilze weisen Lamellen auf. Bei kleinen bis mittelgroßen braunen und weißen Pilz-Arten ist besondere Vorsicht geboten, da dieses Erscheinungsbild auf sehr viele Pilz-Arten zutrifft, die sehr ähnlich sein können. Das Paradebeispiel mit erheblichem Abschreckungspotenzial ist die Ähnlichkeit zwischen Stockschwämmchen (Seite 278) und dem Gift-Häubling (Seite 106).

1 Achtung bei den unzähligen kleinen braunen Pilzarten!

2 Die meisten Lamellenpilze wie dieser Rötelritterling haben im Unterschied zu Sprödblättlern (nächste Seite) fasrige Zellen und damit fasriges Fleisch.

3 Vorsicht bei kleinen weißen Pilzen!

DIE SPRÖDBLÄTTLER

TÄUBLINGE UND MILCHLINGE

Mit mehreren hundert Arten bilden die »Russulaceaen« eine der artenreichsten Pilz-Familien Europas. In diesem Buch beschränken wir uns auf Täublinge (*Russula*) und Milchlinge (*Lactarius* und *Lactifluus*), da diese beiden Gattungen die für uns interessantesten Pilze umfassen.

Trotz der enormen Artenanzahl finden sich unter den Sprödblättlern keine tödlichen oder hochgiftigen Arten. Die unverträglichen und leicht giftigen Arten verursachen vorwiegend Magen-Darm-Probleme.

Ihr Haupterkennungsmerkmal ist die typische Sprödheit von Lamellen und Stiel, die sie von anderen Lamellenpilzen eindeutig unterscheidet (Ausnahme: bei den Lamellen des Frauen-Täublings, Seite 194). Auf Druck brechen ihre Lamellen leicht ab, Stiele knacken beim Durchbrechen wie ein Apfel. Ihre meist kurzen Stiele weisen weder eine Knolle noch einen Ring auf.

Bei den Milchlingen tritt zusätzlich bei Verletzung eine namensgebende Flüssigkeit auf, die weiß, gelb oder orange sein kann. Alle orange-milchenden Arten sind essbar!

Diese Merkmale müssen gekannt und angewendet werden, da sonst Verwechslungen mit gefährlichen anderen Pilzen, die Lamellen haben, möglich sind!

Mit dem Lachs-Reizker und dem Brätling stehen für uns Sammelnde leider zwei sehr beliebte Speisepilze auf der Liste der bedrohten Arten, sie sollten daher nicht mehr in unseren Körben landen.

1 Durch ihre runden Zellen sind die Sprödblättler ähnlich brüchig wie Styropor.

2 Bei den meisten Arten blättern die Lamellen bei Berührung ab.

3 Ihre Fruchtkörper sind sehr ähnlich, haben keine Ringe und keine Knollen.

4 Die Milchlinge sind etwas weniger brüchig, aber sondern dafür eine typische Flüssigkeit (Milch genannt) ab. Diese kann orange, gelb, wässrig oder weiß sein und ist ein wichtiges Bestimmungsmerkmal.

DIE WULSTLINGE

DIE GIFTIGSTE GATTUNG IM PILZREICH

Freud und Leid liegt in dieser Pilzgattung so nahe beieinander wie in kaum einer anderen. Unter den europaweit rund 100 verschiedenen Arten finden sich die giftigsten Pilze unserer Wälder ebenso wie köstliche Speisepilze.

Namentlich sind hier die Knollenblätterpilze hervorzuheben, die mit ihrem Cocktail aus verschiedenen, hitzeresistenten Giftstoffen, den sogenannten Amatoxinen, schon bei geringen Verzehrmengen von etwa 5 bis 50 Gramm tödlich sein können (je nach gesundheitlicher Verfassung).

Andere Giftpilze der Gattung *Amanita* wirken auf das Nervensystem (Pantherpilz; Fliegenpilz) und werden zur Bewusstseinsveränderung verwendet – mitunter mit schweren gesundheitlichen Folgen.

Auf der anderen Seite finden wir mit dem Kaiserling den wohl geschichtsträchtigsten Speisepilz überhaupt, der leider aufgrund von Habitatzerstörung vom Aussterben bedroht ist.

Namensgebendes Merkmal aller *Amanita*-Arten ist die knollenartig verdickte wulstige Stielbasis, die – wie auf der nächsten Seite ersichtlich – viele leicht abweichende, aber oftmals artspezifische Formen aufweist und für die sichere Bestimmung der einzelnen Arten ein wesentliches Merkmal darstellt.

Die meisten Wulstlinge leben in einer Symbiose mit gängigen Laub- und Nadelbäumen und zählen damit zu den Mykorrhiza-Pilzen.

1 Zu Beginn wachsen sie aus einer eiförmigen Knolle heraus.

2, 3 Die Knollenbasis ist ein wichtiges Bestimmungsmerkmal aller Wulstlinge. Als Beispiele der Narzissengelbe Wulstling und der Grüne Knollenblätterpilz und seine »Scheide«.

4 Die essbaren Perlpilze haben eine rübenförmige Knolle mit einem sogenannten Warzengürtel.

5 Der giftige Pantherpilz hat als Kennzeichen ein sogenanntes Bergsteigersöckchen.

DIE SCHIRMLINGE

DIE VERWANDTSCHAFT DES PARASOLS

Unter dem Überbegriff »Schirmlinge«, die verwandtschaftlich zur Familie der Champignons-Verwandten zählen, finden sich mehrere Pilzgattungen, die für uns als Speisepilze oder kennenswerte Giftpilze interessant sind.

Wesentliche Gattungen sind die Riesenschirmlinge (*Macrolepiota*), zu denen der Parasol zählt, die Safranschirmlinge (*Chlorophyllum*), deren Speisewert zunehmend umstritten ist und die mit dem Gift-Riesenschirmling (Gift-Safranschirmling) einen häufigen Verwechslungspartner des Parasols haben, sowie die Gattung der Schirmlinge (*Lepiota*). Letztere sollte von uns Sammelnden besonders beachtet werden, da sie mehrere tödlich giftige Arten umfasst (z. B. Seite 94), die dieselben Giftstoffe wie die Knollenblätterpilze enthalten.

Der bekannteste Schirmling, der Parasol, zählt nach Steinpilz und Pfifferling zu den beliebtesten Speisepilzen, sollte jedoch mit Vorsicht genossen werden, da er zum einen roh giftig ist und unbedingt gut durchgegart werden muss, und zum anderen schwer verdaulich ist und nicht in zu großen (panierten) Mengen verzehrt werden sollte.

Die drei genannten Gattungen umfassen ausschließlich saprobiont lebende Arten. Parasol und Co. gehören damit zu den Zersetzern und finden sich gerne in Ansammlungen von Laub und Nadelstreu. Sie können überall wachsen, wo die Bedingungen passen, und sind nicht auf Bäume als Partner angewiesen. Alle paar Jahre erscheinen gerade die Parasole in regelrechten Massenvorkommen, um im Folgejahr wieder nur vereinzelt aufzutauchen.

1 Auch diese Riesen fangen einmal klein an: Parasol-Baby.

2 Wichtigstes Merkmal für den Parasol ist seine Natterung am Stiel.

3 Bei glatten Stielen, wie bei den Safranschirmlingen, ist Vorsicht geboten.

4 Lebensgefahr besteht bei den kleinen Verwandten aus der Gattung *Lepiota*, die dieselben Gifte wie Grüne Knollenblätterpilze enthalten – teilweise in ähnlichen Mengen!

DIE SCHLEIERLINGSVERWANDTEN

DIE GRÖSSTE PILZFAMILIE, DOCH KAUM ESSBAR

Eine der artenreichsten Pilzfamilien Mitteleuropas und doch weitestgehend unbekannt sind die Schleierlingsverwandten (Cortinariaceae), mit der für uns wichtigsten Gattung der Haarschleierlinge (*Cortinarius*).

Alleine in Mitteleuropa finden sich mehrere hundert Haarschleierlings-Arten. Ihre Unterscheidung ist selbst für Fachleute oftmals nur unter einem Mikroskop möglich und noch dazu fachlich umstritten, da die Gattung je nach Autoren in unterschiedliche Untergattungen aufgeteilt wird. Hautköpfe (*Dermocybe*), Rauköpfe (*Leprocybe*), Schleimfüße (*Myxacium*), Schleimköpfe (*Phlegmacium*), Gürtelfüße (*Telamonia*), Wasserköpfe (*Hydrocybe*) und Klumpfüße (*Bulbopodium*) sind die wesentlichen Gruppen.

Trotz der enormen Vielfalt empfehlen wir nur eine einzige Art für den Verzehr: den Reifpilz (Seite 266). Im Gegensatz zu seinen Verwandten ist er gut zu bestimmen. Bei allen weiteren Arten besteht eine hohe Verwechslungsgefahr innerhalb der eigenen Gattung, weshalb wir vom Verzehr anderer Haarschleierlinge abraten.

Ein universelles Merkmal aller Haarschleierlingsarten ist ihr (rost) braunes Sporenpulver. Der Name »Haarschleierlinge« rührt von dem feinen Velum zwischen Stiel und Lamellen, das sich im Alter fadenförmig und netzartig an den Stielen anheftet und die braunen Sporen auffängt.

Aufgrund ihrer enormen Vielfalt stellen sie Verwechslungspartner zu verschiedenen Speisepilzen, wie zum Beispiel den violetten Rötelritterlingen (Seite 272) und dem Trompeten-Pfifferling (Seite 186).

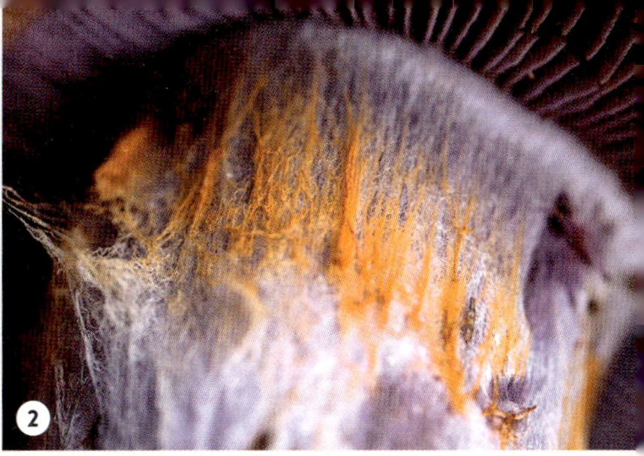

1 Typischer Haarschleierling mit fadenförmigen Strukturen am Stiel und rostbraunem Sporenpulver.

2 Der Schleier ist in der Jugend zum Schutz über den Lamellen und legt sich im Alter an den Stiel.

3 Der Reifpilz zählt zu den wenigen leicht bestimmbaren Pilzen dieser Familie.

4 Die bunte Vielfalt dieser Familie ist erstaunlich.

DIE CHAMPIGNONS

WOHLBEKANNT, ODER DOCH NICHT?

Mit den Austern-Seitlingen und den Shiitake zählt »der Champignon« zu den weltweit meistgezüchteten Pilz-Arten überhaupt. Die Gattung heißt *Agaricus* und umfasst alleine im deutschsprachigen Raum Dutzende Arten. Unter ihnen befinden sich mit dem Karbol-Egerling (Seite 256) auch Giftpilze, die auf den Magen-Darm-Bereich wirken. Abgesehen von den giftigen Arten weist diese Gattung die unangenehme Eigenschaft auf, verstärkt Schwermetalle aus der Umwelt zu akkumulieren. Wild wachsende Arten nehmen vergleichsweise hohe Mengen von gesundheitsschädlichem Cadmium auf, weshalb sie nicht in Zivilisationsnähe (Parks, Gartensiedlungen, Spielwiesen) gesammelt oder nur in sehr geringen Mengen verzehrt werden sollten!

Durch ihre weiße, mittelgroße Wuchsform haben die Champignons auch außerhalb der eigenen Gattung einige gefährliche Verwechslungspartner und sind trotz ihrer vermeintlichen Bekanntheit keine Anfängerpilze. Verwechslungen mit den Knollenblätterpilzen (Seite 100–105) können tödlich enden. Vor allem die leicht giftigen Egerlings-Schirmlinge (die jung rein weiße und im Alter rosa gefärbte Lamellen aufweisen) sehen ihnen extrem ähnlich.

Wesentliche Merkmale aller Champignon-Arten sind die rosa bis dunkelbraun gefärbten Lamellen, die niemals weiß sind! Die essbaren Arten haben einen angenehmen, anisartigen Geruch. Bei Arten, die chemisch, phenolartig riechen und sich bei Verletzung gelb färben, ist Vorsicht geboten.

Champignons sind wahre Kulturfolger unter den Pilzen und bevorzugen nährstoffreiche Standorte. Sie leben alle saprobiont und zersetzen organisches Material im Boden.

1 Vorsicht ist bei gelb werdenden Arten, die nach Phenol bzw. Chemie riechen, angeraten.

2 Junge Exemplare haben eine Schutzhülle über den Lamellen, die sich im Alter als häutiger Ring an den Stiel heftet. Die Lamellen sind nie weiß!

3 Mit dem Großsporigen Champignon sind auch echte Riesen in der Familie zu finden.

DIE RÖHRLINGE

DIE PILZ»FAMILIE« SCHLECHTHIN

Bei dieser »Familie« (Fachbegriff »Dickröhrlingsverwandte«) geht uns Pilzfreunden das Herz auf, umfasst sie doch mit den Steinpilzen nicht nur die beliebtesten aller Speisepilze, sondern auch noch eine Vielzahl schmackhafter und leicht zu findender Speisepilze.

Auf der anderen Seite gibt es innerhalb der Röhrlinge keinen einzigen tödlichen Giftpilz. Unverträgliche und giftige Röhrlinge verursachen hauptsächlich das Gastrointestinale-Vergiftungssyndrom und Magen-Darm-Beschwerden – die allerdings durchaus heftig ausfallen können. Den hartnäckigen Mythos, dass alle blau-färbenden Arten giftig sind, möchten wir ein für alle Mal beseitigen und auf den nächsten Seiten aufzeigen, dass auch unter den »blauenden« Arten interessante Speisepilze zu finden sind – die jedoch allesamt gut gegart werden müssen. Roh sind beispielsweise Maronen und Hexenröhrlinge giftig!

Durch ihre durchaus variable, aber immer vorhandene Röhrenschicht an der Hut-Unterseite lassen sich Röhrlinge leicht von anderen Pilz-Familien unterscheiden. Im Gegensatz zu den Porlingen (die ebenfalls Röhren aufweisen) ist die Röhrenschicht der Röhrlinge einfach von der Hutschicht zu trennen.

Mit Ausnahme des parasitären Röhrlings (der kleine Boviste befällt) und den seltenen Holz-Röhrlingen, die saprobiont auf Holzresten leben, sind alle Arten Mykorrhiza-Pilze und leben in Symbiose mit einer Vielzahl von Laub- und Nadelbäumen.

Königsröhrling, Bronzeröhrling, Hasenröhrling, Anhängselröhrling, Fahler Röhrling, und der schöne Satanspilz zählen mit weiteren Arten zu den geschützten Pilzen und dürfen von uns nicht gesammelt werden.

1 Die namensgebende Röhrenschicht ist ein wichtiges Bestimmungsmerkmal und kann Unterschiede in Farbe, Dicke und Röhrendichte aufweisen.

2 Die Blaufärbung bei Luftkontakt hilft ebenfalls bei der Bestimmung.

3 Die Purpurröhrlinge zählen mit zu den schönsten Pilzen überhaupt.

4 Auch die Stielmusterung ist ein wichtiges Merkmal.

5 Die Gattung der Schmierröhrlinge hat in der Jugend eine Schutzhülle über den Röhren, die als Ring zurückbleiben kann. Als Beispiel der Hohlfußröhrling.

DIE PORLINGE

UND DIE KRAFT DER »BAUMSCHWÄMME«

Unter dem Überbegriff »Porlinge«, hinlänglich oft auch als »Baumschwämme« bekannt, werden mehrere Pilzfamilien zusammengefasst.

Über alle Familien hinweg gibt es eine einzige hochgiftige und potenziell tödliche Art: den Zimtfarbenen Weichporling (Seite 136). Der Großteil aller Arten ist aufgrund fehlenden Geschmacks und harter Konsistenz nicht für den Verzehr geeignet, wobei einige Pilze wie der Zunderschwamm (Seite 227) oder der Nadelholz-Braunporling hand- und kunsthandwerkliche Verwendung finden.

Die holzbewohnenden und -zersetzenden Porlinge leben parasitär und/oder saprobiont und spielen als Zersetzer eine elementare Rolle im Ökosystem. Ausnahmen davon sind beispielsweise die Schafs- und Semmelporlinge (Gattung *Albatrellus*), die Bodenbewohnende sind und sogar Mykorrhiza-Bindungen eingehen.

Der Hut-Aufbau der Porlinge mit den darunterliegenden Röhren und Poren weist Ähnlichkeiten mit dem der Röhrlinge auf, allerdings sind bei Porlingen die Röhren fest mit dem Hut verwachsen und nicht leicht abtrennbar wie bei den Röhrlingen.

Die Anzahl an wohlschmeckenden Speisepilzen ist bei den Porlingen überschaubar, der Schwefelporling (Seite 220) ist wohl ihr Aushängeschild. Abseits der kulinarischen Aspekte finden sich zahlreiche Vitalpilze unter den Porlingen, die teilweise seit Jahrtausenden in der Naturmedizin Verwendung finden und aktuell Gegenstand internationaler Forschungsprojekte sind. Bekannte Exemplare sind die Schmetterlingstrameten (Seite 224), der Birken-Porling (Seite 222) und die Lackporlinge (z. B. Seite 223).

1 Die zahlreichen Trameten-Arten bringen wesentlich kleinere Fruchtkörper als viele andere Porlinge hervor.

2 Im Unterschied zu den Röhrlingen ist die Hutschicht untrennbar mit der Porenschicht verwachsen.

3 Der Querschnitt einer Ochsenzunge (Seite 221) zeigt den Aufbau.

4 Wir unterscheiden u.a. zwischen einjährigen Porlingen wie dem Schwefelporling und mehrjährigen wie den Zunderschwämmen.

DIE APHYLLOPHORALES ODER »NICHTBLÄTTERPILZE«

Passen Pilze in keine der oben angeführten Familien und Erscheinungsformen, handelt es sich um sogenannte Sonderformen oder etwas veraltet um »Nichtblätterpilze«. Dieser Sammelbegriff umfasst unterschiedlichste, nicht näher miteinander verwandte Pilz-Familien, die sich durch besondere Wuchsformen auszeichnen. In dieser Gruppe kommt der Formenreichtum des Pilzreichs besonders zur Geltung.

So erinnern die Korallenpilze (Seite 85), auch Bärentatzen genannt, an bunte Unterwasserwelten, die Stachelbärte (Seite 85) an wuschelige Pom-Poms, die Krause Glucke (Seite 228) an einen Badeschwamm, die Stachelpilze (Seite 190, 192) an igelige Waldfreunde und das Judasohr (Seite 236) an ein menschliches Ohr – um nur einige ausgefallene Beispiele zu nennen.

Erwähnenswerte Pilz-Gruppen sind hier die Pfifferlingsartigen, die Korallenartigen, die Stachelartigen, die Keulenartigen, die Gallertpilzartigen und die Bauchpilze.

Die Speisewerte sowie Lebensweisen innerhalb der Gruppe variieren genauso stark wie ihre Erscheinungsformen.

Die bekanntesten Beispiele sind wohl die Pfifferlinge und die »Boviste« – auf deren Verwandtschaft wir auf den nächsten Seiten näher eingehen.

1 Das Highlight dieser Gruppe sind definitiv die Leistlinge.

2 Zu den bedrohten Arten zählen die Stachelbärte.

3 Exotische »Schönheiten« bringen die Bauchpilze hervor; hier in Form eines Oktopuspilzes.

4 Vorsicht ist bei den schwer unterscheidbaren Korallenpilzen geboten.

5 Eine besondere Konsistenz weisen die Gallertpilze auf.

DIE LEISTLINGE

WIE VIELE PFIFFERLINGS-ARTEN KENNT IHR?

Die Familie der Eierschwammerl, Pfifferlinge, Eierschwämmli ist für uns Sammelnde eine wahre Freude, da sie zum einen ausschließlich essbare Arten umfasst, sie zum anderen allesamt sehr gute Speisepilze sind und sie zudem häufig vorkommen. Insgesamt lassen sich im deutschsprachigen Raum rund zehn verschiedene Arten finden, von denen allerdings einige, wie beispielsweise der Schwärzende Leistling oder der Bereifte Pfifferling, überaus selten und schützenswert sind.

Grundsätzlich unterscheiden wir innerhalb der Leistlinge zwischen *Cantharellen* (zum Beispiel der Echte Pfifferling, Seite 182) und *Cratellen* (beispielsweise der Trompeten-Pfifferling, Seite 186). Zweitere erinnern auf den ersten Blick nicht an Pfifferlinge – weshalb sie seltener gesammelt werden. Sie sind gekennzeichnet durch einen hohlen Stiel und dünnfleischigere Fruchtkörper.

Die lamellen-ähnlichen Strukturen an der Hutunterseite werden als »Leisten« bezeichnet, sie sind fest angewachsen und lassen sich im Gegensatz zu Lamellen nicht mit dem Finger verschieben, beziehungsweise von der Hutschicht trennen. Ein wichtiges Erkennungsmerkmal aller Pfifferlings-Verwandten ist ihr intensiver, typischer Geruch, der sie von giftigen Verwechslungspartnern, wie zum Beispiel dem Ölbaumtrichterling (Seite 138), gut unterscheidbar macht.

Alle Leistlinge sind Mykorrhiza-Pilze und vergesellschaftet mit gängigen Laub- und Nadelbäumen. Die häufigeren Arten wie der Echte Pfifferling (Seite 182), die Herbsttrompete (Seite 188), der Trompeten-Pfifferling (Seite 186) und der Starkriechende (Trompeten-)Pfifferling (Seite 187), werden im Buch näher vorgestellt.

1 Die namensgebenden Leisten sind im Gegensatz zu Lamellen fest mit dem Hut verwachsen.

2 Vergleich Echter vs. Falscher Pfifferling.

3 Die Leisten-Färbung variiert zwischen den Arten; sie laufen wie bei den Trompeten-Pfifferlingen ersichtlich immer am Stiel herab.

4, 5 Bei den Herbsttrompeten und der seltenen Krausen Kraterelle sind die Leisten nur schwach zu erkennen.

DIE »BAUCHPILZE«

BOVIST, STÄUBLING UND CO.

Unter diesem etwas veralteten Sammelbegriff finden sich mehrere unterschiedliche Pilzgattungen mit dem verbindenden Merkmal, dass sie in ihrem Inneren – sozusagen »im Bauch« – ihre Sporen ausbilden.

Nennenswert sind die Großstäublinge (*Calvatia*) mit dem größten und schmackhaftesten Vertreter, dem Riesen-Bovist (Seite 230), die etwas kleineren Boviste (*Bovista*), die häufigen Stäublinge (*Lycoperdon*) und die giftigen Kartoffel- oder Hartboviste (*Scleroderma*), die starke Magen-Darm-Beschwerden auslösen können. Tödliche Arten gibt es unter den Bauchpilzen keine. Einige Arten, gerade unter den Stäublingen, werden als Kriegspilze bezeichnet, denn sie wurden nur zu Notzeiten verspeist. Ihr kulinarischer Wert ist tatsächlich, sagen wir freundlich: »überschaubar«.

Generell gilt: Zeigt sich beim Durchschneiden eines Bauchpilzes eine Färbung, ist er entweder zu alt zum Verzehr, da sich das Fruchtfleisch bei der Sporenbildung verdunkelt, oder es handelt sich um einen giftigen Kartoffelbovist (z. B. Seite 148).

Auf Verwechslungen mit Knollenblätterpilzen, die als junge, geschlossene Knollen sehr ähnlich aussehen können, muss geachtet werden. Alle Bauchpilze sind im Querschnitt strukturlos, wohingegen bei Lamellenpilzen auch im geschlossenen Stadium die späteren Lamellenansätze erkennbar sind (siehe beim Grünen Knollenblätterpilz, Seite 100).

Es gibt saprobionte Arten sowie auch Mykorrhiza-Pilze unter ihnen, die auf Wiesen, an Wegrändern, aber auch mitten im Wald leben.

1 Viele Arten, wie der Birnenstäubling, kommen in Massenansammlungen vor.

2 Wichtiges Qualitätsmerkmal ist die Innen-Farbe: Geht sie ins Grün, reift der Pilz und ist nicht mehr essbar.

3 Ist der Querschnitt violett oder dunkel gefärbt, handelt es sich um eine giftige Kartoffelbovist-Art.

4 Der imposante Riesen-Bovist ist der beste Speisepilz dieser Gruppe.

MORCHELN, GIFTLORCHELN, BECHERLINGE

WILLKOMMEN BEI DEN SCHLAUCHPILZEN

Während wir uns bei Röhrlingen, Leistlingen, Täublingen und Co. mit Pilzen aus der Abteilung der Ständerpilze beschäftigt haben, zählen die Morcheln und ihre Verwandtschaft zu den Schlauchpilzen.

Unser Fokus liegt auf der Gattung der Morcheln (*Morchella*), die ausschließlich essbare und noch dazu sehr schmackhafte Arten umfasst, und auf der Gattung der Giftlorcheln (*Gyromitra*), die gefährliche, sogar tödliche Verwechslungspartner zu den Morcheln hervorbringt. Außerhalb dieser beiden Gattungen sind Verwechslungen aufgrund ihres einzigartigen Wuchses praktisch auszuschließen.

Wichtig ist zu beachten, dass auch die essbaren Morcheln, so wie die meisten Schlauchpilze, roh giftig sind und vor dem Verzehr unbedingt ausreichend durchgegart werden müssen. Zudem ist besonders bei Morcheln vor übermäßigem Konsum oder dem Verzehr von alten Exemplaren dringend abzuraten, da es sonst zu Vergiftungserscheinungen – dem sogenannten »Morchella-Syndrom« – kommen kann.

In vernünftigen Mengen und gut erhitzt zählen die Morcheln ohne Zweifel zu den besten Speisepilzen überhaupt.

Vorzugsweise an kalkhaltigen Standorten leben sie saprobiont und können mittlerweile sogar gezüchtet und kultiviert werden. Viele Morchelarten sind an das Vorkommen von Eschen gebunden, wodurch ihre Zahl aufgrund des europaweiten Eschensterbens zunehmend rückläufig ist und die Vorkommen schrumpfen.

1 Der Querschnitt zeigt verlässlich, ob es sich um giftige Lorcheln (links) oder essbare Morcheln (rechts) handelt.

2 Die kastanienbraune Giftlorchel bewirkt in seltenen Fällen tödliche Vergiftungen.

3 Ein schmackhafter, eher unbekannter Pilz ist der Aderige Morchelbecherling.

4 Die Schätze des Pilzfrühlings.

KAPITEL 5

DIE WICHTIGSTEN GIFTPILZE IM PORTRAIT

Herzlich willkommen in der Gruselkammer des Pilzreichs! Bevor wir uns im Kapitel 6 ausführlich mit der (Speise) Pilzvielfalt beschäftigen, ist es uns ein Anliegen, euch zuvor die hochgiftigen und tödlich giftigen Pilze näherzubringen.

Für alle Pilz-Sammelnden ist es sinnvoll, alle gefährlichen Arten genau zu studieren, *bevor* Speisepilze gesucht werden. Wie die nächsten Seiten zeigen, ist deren Anzahl zum Glück überschaubar. Da bei einigen Arten eine Verwechslung mit guten und beliebten Speisepilzen leicht möglich ist, müssen alle Merkmale genau betrachtet werden. Vor dem Verzehr neuer Speisepilze empfehlen wir die Abklärung mit potenziell hoch-gefährlichen Doppelgängern bei örtlichen Fachleuten! Generell macht es Sinn, bei der Verkostung neuer Arten nur kleine Mengen zu probieren und Reste davon aufzuheben – so geht ihr auf Nummer sicher.

Innerhalb verschiedenster Pilz-Familien finden sich unterschiedliche Toxine, deren Giftwirkungen den Magen-Darm-Bereich, Leber, Nieren, das Blutsystem, das Nervensystem bis hin zur quergestreiften Muskulatur betreffen und nachhaltig schädigen können. Mittlerweile sind 18 verschiedene Pilzvergiftungssyndrome beschrieben – Tendenz steigend. Bei den »potenziell« tödlichen Pilzen können bereits kleine Mengen – beispielsweise bei den drei tödlichen Knollenblätterpilzarten unter 50 g, was etwa einem Pilz entspricht – todbringende Folgen haben.

Die Beschreibung »potenziell« tödlich bezieht sich darauf, dass auch schwere Vergiftungen nicht zwangsläufig tödliche Folgen haben müssen. Je nach körperlicher Verfassung, der jeweiligen Verzehrmenge und der raschen Behandlung gibt es Überlebenschancen.

DIE GEFÄHRLICHSTEN PILZE AUF EINEN BLICK

1 Grüner Knollenblätterpilz
2 Spitzkegeliger Knollenblätterpilz
3 Mehrere tödliche Schirmlinge der Gattung *Lepiota*
4 Spitzgebuckelter Raukopf
5 Giftlorchel
6 Grünling
7 Kahler Krempling
8 Pantherpilz

1

2

3

4

5

6

7

8

WELCHE SYMPTOME TRETEN BEI PILZVERGIFTUNGEN WANN AUF?

Wir haben uns dazu entschieden, bei jedem der folgenden Portraits das jeweilige Vergiftungssyndrom, inklusive dem typischen Verlauf und der Latenzzeit, anzuführen, um im Verdachtsfall eine möglichst rasche Diagnose und Behandlung zu unterstützen.

Besteht der Verdacht auf eine Pilzvergiftung, egal ob Stunden, Tage oder auch Wochen nach einer Pilzmahlzeit (siehe Latenzzeiten der einzelnen Giftpilze) vergangen sind, gilt es, unmittelbar ein Krankenhaus aufzusuchen. Punkt. *Sämtliche Hausmittel sind Humbug!!!* Für die genaue Bestimmung wird dringend empfohlen, Putzreste oder Reste von Erbrochenem mitzunehmen!

Hier die Nummern der deutschsprachigen Vergiftungszentralen:

Österreich:
+43 1 406 43 43

Schweiz:
+41 44 251 51 51 (oder 145, Toxinfo)

Deutschland:
je nach Bundesland verschieden (siehe https://www.dgfm-ev.de/pilzesammeln-und-vergiftungen/vergiftungen/giftnotruf)

Diese Informationen sind für den Pilzberater und die Ärztin wichtig:

Wer	Wer hat (sonst noch) von den Pilzen gegessen?
Wann	Wann wurden die Pilze verzehrt?
Welche	Welche Beschwerden sind wann und in welcher Reihenfolge aufgetreten?
Wie und wie viele	Wie war die Zubereitung und die Menge der verzehrten Pilze?
Wiederholt	Wurden die Pilz-Mahlzeiten in Folge wiederholt?
Was	Als welche Art wurden die Pilze gesammelt oder gekauft?
Alkohol	Wurde Alkohol getrunken?
Medikamente	Wurden Medikamente eingenommen und wenn ja, welche?

Die folgende Doppelseite gibt einen Überblick über die wichtigsten Pilz-Vergiftungen und deren Verläufe.

Überblick über die häufigsten Pilzvergiftungs-Syndrome

Bezeichnung	*Latenzzeit*	*Symptome*	*Haupt-Verursacher*
Phalloides-Syndrom Gifte: Amatoxine, je nach Art noch weitere Toxine, Hämolysine	8–12 Stunden	Heftige Brechdurchfälle, anschließend scheinbare Besserung, jedoch Beginn der Leberschädigung bis zum Leberzerfall, Störung der Blutgerinnung, Nierenversagen, schlussendlich Multi-Organversagen	Grüner/Kegelhütiger/Frühlings-Knollenblätterpilz, Gift-Häubling, diverse Schirmlinge (*Lepiota*)
Gyromitra-Syndrom Gifte: Gyromitrin	6–24 Stunden	Heftige Brechdurchfälle, zusätzliche Schädigung des zentralen Nervensystems (Kopfschmerzen, Krampfanfälle, Bewusstseinsstörungen), Leber- und Nierenschädigung, Hämolyse, Koma	Frühjahrs-Lorchel, Riesen-Lorchel, Helm-Kreisling (*Cudonia circinans*)
Pantherina-Syndrom Gifte: Ibotensäure, Muscimol	15 Minuten bis 4 Stunden	Weite Pupillen, trockene, warme Haut, rascher Puls, hoher Blutdruck, Speichelfluss, Erbrechen (selten), Halluzinationen, Koma, nach Rauschzustand finaler Tiefschlaf	Pantherpilz, Fliegenpilz, Königsfliegenpilz, Narzissengelber Wulstling
Muskarin-Syndrom Gifte: Muskarin	15 Minuten bis 2 Stunden	Schweißausbrüche, Speichelfluss, Tränenfluss, verlangsamter Puls, enge Pupillen, Sehstörungen, akut heftig einsetzende Brechdurchfälle	Ziegelroter Risspilz (weitere Risspilzarten), diverse Trichterlinge, diverse Rettich-Helmlinge
Orellanus-Syndrom Gifte: Orellanin, Orellin	Wenige Tage bis 3 Wochen	Durst, Kopfschmerzen, trockener Mund, Nierenschmerzen, Versagen der Urinproduktion, akutes Nierenversagen, i. d. R. keine Magen-Darm-Symptomatik	Orangefuchsiger und Spitzgebuckelter Raukopf, Dottergelber Klumpfuß (alle Schleierlinge mit gelben, orangen, grünen und roten Pigmenten sind giftverdächtig)
Gastrointestinales Syndrom Gifte: Verschieden, z.T. unbekannte Giftstoffe	15 Minuten bis 4 Stunden	Übelkeit, Erbrechen, Durchfall	Tiger-Ritterling, Satansröhrling, Schönfuß-Röhrling, Kartoffelbovist, Karbol-Egerling, Satansröhrling, Grünblättriger Schwefelkopf, Riesen-Rötling, Speitäublinge, Maggipilz, Bauchweh-Koralle usw.

Equestre-Syndrom Gifte: Unbekanntes Myolysin	24–72 Stunden	Rhabdomyolyse (Muskelzerfall) mit Müdigkeit, Muskelschwäche, Muskelschmerzen, brauner Urin bis hin zum Nierenversagen	Grünling
Acromelalga-Syndrom Gifte: Acromelsäure	1–2 Tage (–7 Tage)	Brennen, starke Schmerzen mit Überwärmung, Schwellungen und Rötungen bis Dunkelfärbung der Extremitäten, wiederkehrend, über Wochen anhaltend (Kälte mindert die Schmerzen, Bewegung und Wärme verstärken die Schmerzen)	Parfümierter Trichterling
Psilocybin-Syndrom Gifte: Psilocybin, Psilocin; weitere unbekannte Stoffe	15 Minuten bis 4 Stunden	Benommenheit, Schwindel, Gleichgewichtsstörungen, Unruhe, Tobsucht, Halluzinationen, Rauschzustand, Magen-Darm-Symptomatik	U.a. verschiedene Kahlköpfe (Psilocybe), einige Düngerlinge, einige Häublinge, einige Risspilze, einige Flämmlinge
Coprinus-Syndrom Gifte: Coprin, unbekannte Giftstoffe	Wenige Minuten bis 1 Stunde	Plötzliche Hautrötung im Nacken, Gesicht, Brust, Schweiß, Hitzegefühl, Schwindel, Atemnot, Herzrasen	Grauer Faltentintling, Spechttintling, Coprin in geringen Mengen in weiteren Tintlingen
Paxillus-Syndrom (Immunhämolyse) Gifte: Unbekanntes Antigen	15 Minuten bis 2 Stunden (auch nach Jahren vorausgegangenen, mehreren Pilzmahlzeiten)	Leichte Symptome bei vorangegangenen Mahlzeiten, Übelkeit, Brechdurchfälle, Bauchkoliken, extreme Schwäche, dunkler Urin, Blut im Urin, Gelbsucht, Niereninsuffizienz, akutes Nierenversagen nach 1–2 Tagen, Leber- und Lungenversagen	Kahler Krempling
Scleroderma-Syndrom Gifte: Unbekannt	20 Minuten bis 5 Stunden	Heftiges Erbrechen, Übelkeit, ZNS-Symptome (Zentrales Nervensystem), Kopfschmerzen, Schwindel, Sehstörungen möglich, evtl. Kollaps, Abfall der Körpertemperatur	Vermutlich alle Scleroderma-Arten (Kartoffelboviste)
Polyporsäure-Syndrom	12 Stunden	Sehstörungen, Koordinationsstörungen, violetter Urin, Leber- und Nierenschädigung	Zimtfarbener Weichporling
Omphalotus-Syndrom	1–3 Stunden	Bauchkrämpfe, Kopfschmerzen, Schweißausbrüche, Erbrechen, heftige Brechdurchfälle, evtl. Leberschäden	Dunkler Ölbaumtrichterling (Ölbaumpilz)
Rhabdomyolyse-Syndrom	24–72 Stunden	Zerfall von Muskelfasern	Gemeiner Erd-Ritterling

GRÜNER KNOLLENBLÄTTERPILZ

Amanita phalloides
tödlich giftig, Sporenpulver weiß

Er ist der wohl gefährlichste Giftpilz in unseren Breiten und hauptverantwortlich für die meisten tödlichen Vergiftungen.

VERWECHSLUNGSGEFAHREN

Eine Verwechslung mit grünen Täublingen (z. B. Seite 194) kommt immer wieder vor. Diese besitzen jedoch keine Scheide, keinen Ring und brüchiges Fleisch. Es gibt auch eine weiße Varietät des Grünen Knollenblätterpilzes, größte Vorsicht ist daher bei der Verwechslung mit weißen Champignons (z. B. Seite 254, 255) geboten. Diese besitzen ebenfalls einen Ring, jedoch keine Scheide und haben im Unterschied rosa bis braune Lamellen.

ERKENNUNGSMERKMALE

Das wichtigste Merkmal ist die knollige Basis mit lappiger Scheide. Olivgrüner, seidig glänzender, halbkugeliger, später flacher Hut mit selten weißen Flöckchen. Lamellen immer weiß, engstehend, frei. Stiel weiß bis olivgrünlich, genattert (ähnlich wie Parasol) und mit immer leicht geriefter Manschette. Das Fleisch ist weiß und faserig, der Geruch süßlich.

WICHTIGSTE MERKMALE

- Hut olivgrünlich
- Freie Lamellen
- Genatterter Stiel mit Manschette
- Stielbasis mit lappiger Scheide

VORKOMMEN

- Frühsommer bis Spätherbst
- Mykorrhiza-Pilz
- Generalist, gerne in Eichen und Buchenwäldern (oder Laubwäldern)
- Einzeln

VERGIFTUNG: PHALLOIDES-SYNDROM

Die Vergiftung durch Amatoxine und Phallotoxine hat mehrere Phasen. Nach 1–10 Stunden werden Magen-Darm-Probleme mit Erbrechen und Durchfall verspürt. Nach 12–24 Stunden verschwinden diese wieder und man fühlt sich besser. Fatal ist, dass die Amatoxine nach einigen Tagen die Leber zerstören und dies zu Multiorganversagen (Leber, Nieren) und zum Tod führen kann. Nur eine sofortige ärztliche Versorgung kann das Leben retten. Amatoxine kann man durch Trocknen, Erhitzen und Einfrieren nicht zerstören!

FRÜHLINGS-KNOLLENBLÄTTERPILZ

Amanita verna
tödlich giftig, Sporenpulver weiß

Neben Grünem und Kegelhütigem Knollenblätterpilz der dritte tödlich giftige Knollenblätterpilz. Die wärmeliebende Art kann durch den Klimawandel auch bei uns häufiger werden.

VERWECHSLUNGSGEFAHREN

Eine Verwechslung mit etlichen weißen Speise- und Giftpilzen ist immer möglich. Weiße Champignons ähneln ihm sehr, besitzen jedoch eine andere Stielbasis und haben rosa bis braune Lamellen. Es ist grundsätzlich ratsam, bei weißen Pilzen umgehend die Stielbasis auf Knolle und lappige Scheide zu überprüfen. Wenn auch ein Ring und weiße Lamellen vorhanden sind, kann dieser Knollenblätterpilz kaum mit anderen Pilzen verwechselt werden.

ERKENNUNGSMERKMALE

Hut reinweiß, jung halbkugelig, später flach ausgebreitet, mit spärlichen Velumresten, Lamellen frei, weiß und engstehend, Stiel weiß faserig, nicht genattert, immer mit hängendem Ring. Stielbasis knollig mit lappiger Scheide. Das Fleisch ist weiß, geruchlos bis unangenehm verwesungsartig.

VERGIFTUNG: PHALLOIDES-SYNDROM

Er enthält Amatoxine und die Vergiftung verläuft wie beim Grünen Knollenblätterpilz (Seite 100).

WICHTIGSTE MERKMALE

- Hut weiß
- Freie Lamellen
- Faseriger Stiel mit hängendem Ring
- Stielbasis knollig, mit Scheide

VORKOMMEN

- Frühsommer bis Spätherbst
- Mykorrhiza-Pilz
- Generalist, hauptsächlich bei Laubbäumen
- Einzeln

KEGELHÜTIGER KNOLLENBLÄTTERPILZ

Amanita virosa
tödlich giftig, Sporenpulver weiß

Diese Art bildet gemeinsam mit dem Grünen Knollenblätterpilz und dem Frühlings-Knollenblätterpilz das Triumvirat der tödlich giftigen Wulstlinge. Über 90 Prozent aller tödlichen Pilzvergiftungen sind auf diese drei Arten zurückzuführen.

VERWECHSLUNGSGEFAHREN

Viele essbare Champignons (z.B. Seite 254, 255) können mit diesem Knollenblätterpilz verwechselt werden. Auch die weißen, ebenfalls giftigen Egerlingsschirmlinge sehen ihnen auf den ersten Blick zum Verwechseln ähnlich. Es ist unabdingbar, diesen Pilz zu 100 Prozent zu kennen.

ERKENNUNGSMERKMALE

Beim ersten Anschein erkennt man sofort den weißen, feuchten, etwas schleimigen, kegeligen Hut (in der Hutmitte fallweise hellbraun) und den wollig bis faserigen Stiel mit vergänglichem Ring. Die zwiebelartig knollige Stielbasis ist mit einer lappigen Scheide versehen, die einer aufgeschlagenen Eierschale ähnelt. Die Lamellen sind weiß, engstehend und frei. Das Fleisch ist weiß, der Geruch süßlich.

VERGIFTUNG: PHALLOIDES-SYNDROM

Er enthält Amatoxine, und die Vergiftung verläuft wie beim Grünen Knollenblätterpilz (Seite 100).

WICHTIGSTE MERKMALE

- Hut glänzend weiß
- Freie Lamellen
- Wollig-faseriger Stiel, oftmals ohne Ring
- Stielbasis knollig, mit Scheide

VORKOMMEN

- Frühsommer bis Spätherbst
- Mykorrhiza-Pilz
- Nadel-, seltener Laubwald, oft bei Heidelbeeren mit Fichten
- Einzeln

GIFTIG

GIFT-HÄUBLING

Galerina marginata
tödlich giftig, Sporenpulver helles Rostbraun

Dieser Giftpilz erfordert besonders viel Erfahrung für eine sichere Bestimmung und ist wie viele kleine, braune Pilze mit großer Vorsicht zu beachten.

VERWECHSLUNGSGEFAHREN

Selbst Pilzsachverständige sind sich einig, dass dieser tödlich giftige Häubling ohne Stiel oder mikroskopische Merkmale nicht mit Sicherheit vom essbaren, klassischen Doppelgänger, dem Stockschwämmchen (Seite 278), unterschieden werden kann. Das Stockschwämmchen hat jedoch einen schuppigen Stiel, während beim Gifthäubling der Stiel silbrigweiß gefasert ist. Verwechslungen innerhalb der Gattung Häublinge sind ebenfalls möglich, jedoch hat diese Gattung keine Speisepilze. Gift-Häublinge können innerhalb eines Büschels von Stockschwämmchen vorkommen!

ERKENNUNGSMERKMALE

Hut jung glockig, später abgeflacht, meist mit stumpfem Buckel, ocker bis blassbeige, hygrophan und leicht gerieft. Lamellen gedrängt und rostbraun, gerade angewachsen, Schneiden heller. Stiel über der flüchtigen Ringzone hellbraun bepudert, darunter auf braunem Grund silbrigweiß überfasert. Alte Stiele praktisch schwarz. Fleisch gelbbraun.

WICHTIGSTE MERKMALE

- Hut glockig bis abgeflacht
- Stiel silbrigweiß gefasert
- Lamellen leicht herablaufend
- Stielbasis mit Mycelfilz

VORKOMMEN

- Ganzjährig, mit Ausnahme von Frostperioden
- Saprobiont
- Vorwiegend auf Nadelholz (Stümpfe, Äste, vergrabenes Holz)
- Einzeln, jedoch gesellig

VERGIFTUNG: PHALLOIDES-SYNDROM

Wie der Grüne Knollenblätterpilz (Seite 100) verfügt auch der Gift-Häubling über Amatoxine und kann somit demselben Syndrom zugeteilt werden. Leber- und Nierenfunktionen werden eingestellt, und dies führt in den schweren Vergiftungsfällen zum Tod.

Links Stockschwämmchen, rechts Gift-Häubling

GIFTIG

FLEISCHBRÄUNLICHER SCHIRMLING

Lepiota brunneoincarnata
tödlich giftig, Sporenpulver weiß

Generell ist bei kleinen Schirmlingen der Gattung *Lepiota* allerhöchste Vorsicht geboten, da bei ihr mehrere tödliche Pilze vorkommen.

VERWECHSLUNGSGEFAHREN

Die Gattung umfasst mehrere sehr ähnliche, giftige bis tödlich giftige Arten. In Bezug auf die Farbnuancen in den Hüten und die Schuppengröße unterscheiden sich die Arten nur gering, was eine sichere Bestimmung für Laien erschwert. Verwechslungen mit den größeren, essbaren Schirmlingen sind eher selten und nur dann möglich, wenn deren verschiebbare Ringe fehlen.

ERKENNUNGSMERKMALE

Hut mit weißlich-braunem Grund, besetzt mit fleischrötlich bis kastanienbraunen aufbrechenden Schuppen, jung gewölbt, alt flach werdend, mit stumpfem Buckel. Lamellen frei, weiß, später cremegelb und gekerbt, mit kürzeren Zwischenlamellen. Stiel im oberen Teil glatt und weiß bis bräunlich, unterer Teil mit braunen Flocken und einer schwach ausgebildeten, gürtelähnlichen Ringzone. Fleisch weiß, rötet leicht im Schnitt.

VERGIFTUNG: PHALLOIDES-SYNDROM

Wie einige Knollenblätterpilze enthält auch dieser Pilz Amatoxine und wird daher dem gleichen Vergiftungs-Syndrom zugeteilt. Auch kleine Verzehrmengen führen zu Leberschäden. Ihre Konzentration an Giftstoffen wird nur von den drei tödlichen Knollenblätterpilzen übertroffen.

WICHTIGSTE MERKMALE

- Hut nussbraun mit Schuppen
- Freie Lamellen
- Stiel in Hutfarben mit angedeuteter Ringzone
- Kein verschiebbarer Ring
- Stielbasis leicht knollig

VORKOMMEN

- Frühsommer bis Herbst
- Saprobiont
- Mischwaldränder, in Gärten und bei Waldwegen und Lichtungen
- Einzeln

Vorsicht bei weißen Stinkschirmlingen: Sie können kleinen Safranschirmlingen (Seite 250) ähneln.

GIFTIG

ORANGEFUCHSIGER RAUKOPF

Cortinarius orellanus
tödlich giftig, Sporenpulver rostbraun

Ein sehr gefährlicher Vertreter der Familie der Schleierlinge, der in seltenen Fällen mit Pfifferlingen verwechselt werden kann.

VERWECHSLUNGSGEFAHREN

Sein naher Verwandter, der Spitzgebuckelte Raukopf (Seite 112) ist ebenso tödlich giftig. Diesen findet man jedoch in Nadel- und kaum in Laubwäldern. Der essbare Kupferrote Gelbfuß (Seite 179) sieht ihm sehr ähnlich, hat jedoch herablaufende Lamellen. Äußerste Vorsicht ist vor allem beim Sammeln von jungen Exemplaren von Gold-Röhrlingen (Seite 177), Trompeten-Pfifferlingen (Seite 186) und selbst Echten Pfifferlingen (Seite 182) geboten, da sie dem Orangefuchsigen Raukopf ähneln können.

ERKENNUNGSMERKMALE

Hut orangefuchsig, faserschuppig, zuerst halbkugelig, dann ausgebreitet, mit breitem, stumpfem Buckel. Lamellen orangebraun, mit Zwischenlamellen, entfernt stehend, am Stiel breit angewachsen. Stiel bräunlich gelb, zur Basis eher hutfarben, mit kaum sichtbarer Ringzone, Basis meist verjüngt. Fleisch orangebraun mit leichtem Rettich-Geruch.

WICHTIGSTE MERKMALE

- Hut orangefuchsig, mit stumpfem Buckel
- Lamellen orangebraun, entfernt stehend
- Stiel mit kaum sichtbarer Ringzone
- Stielbasis etwas verjüngt

VORKOMMEN

- Sommer bis Spätherbst
- Mykorrhiza mit Laubbäumen
- In Laubwäldern, gerne bei Buche und Eiche, aber auch in Parks
- Einzeln

VERGIFTUNG: ORELLANUS-SYNDROM

Symptome sind extremes Durstgefühl durch starken Harnverlust, Nierenschmerzen und Bluthochdruck. Ein Gegengift existiert nicht. Die Latenzzeit von 3–21 Tagen macht die Vergiftung durch Orellanin zu einer tödlichen Falle, da die Vergiftungserscheinungen nicht sofort auftreten. Die Folgen sind Leber- und Nierenversagen, benötigt werden möglicherweise eine Dialyse oder eine Organspende.

Vergleich von Rauköpfen (links) mit Pfifferlingen (rechts)

SPITZGEBUCKELTER RAUKOPF

Cortinarius rubellus
tödlich giftig, Sporenpulver rostbraun

Er zählt gemeinsam mit dem Orangefuchsigen Raukopf zu den giftigsten Arten der gesamten Familie der Haarschleierlinge.

VERWECHSLUNGSGEFAHREN

Eine Verwechslung mit dem nahen Verwandten, dem Orangefuchsigen Raukopf (Seite 110), kann leicht passieren. Dieser bevorzugt jedoch Laubwälder mit kalkreichen Böden, nicht wie der Spitzgebuckelte Raukopf meist saure Fichtenwälder mit moosigem Boden. Die Verwechslungspartner sind dieselben wie beim Orangefuchsigen Raukopf.

ERKENNUNGSMERKMALE

Hut orangefuchsig, samtig-filzig, mit spitzem Buckel, Rand etwas eingerollt. Jung von gelblichen Velumresten behangen, Oberfläche feinschuppig. Lamellen orangerot, entfernt stehend, ausgebuchtet angewachsen, mit Zwischenlamellen. Stiel in Hutfarbe, mit kaum sichtbarer Ringzone, durch die Velumreste genattert, Basis etwas verdickt und mehrfach gegürtelt. Fleisch orangebraun mit leichtem Rettich-Geruch.

VERGIFTUNG: ORELLANUS-SYNDROM

Verläuft wie beim Orangefuchsigen Raukopf.

WICHTIGSTE MERKMALE

- Hut orangefuchsig mit spitzem Buckel
- Lamellen orangerot, entfernt stehend
- Stiel genattert
- Stielbasis etwas verdickt

VORKOMMEN

- Sommer bis Spätherbst
- Mykorrhiza mit Nadelbäumen
- In feuchten, sauren Nadelwäldern
- Einzeln

DOTTERGELBER KLUMPFUSS

Cortinarius meinhardii
stark giftig, Sporenpulver rostbraun

Er zählt zu den giftigsten Vertretern der artenreichsten Familie der Schleierlinge, obwohl er in alten Pilzbüchern noch als »essbar« beschrieben wird.

VERWECHSLUNGSGEFAHREN

Wenn man die zwiebelartige, gerandete Knolle nicht beachtet, kann diese Art mit diversen anderen Schleierlingen, vor allem aus der Gruppe der Klumpfüße, verwechselt werden. Auch der ebenfalls stark giftige Grünling (Seite 130), der in vielen Gebieten noch heute verspeist wird, kann als Verwechslungspartner nicht ausgeschlossen werden, er besitzt jedoch keine abgesetzte, verdickte Stielbasis wie der Klumpfuß.

ERKENNUNGSMERKMALE

Hut jung halbkugelig, später ausgebreitet, zitronen- bis dottergelb, Mitte dunkler, mit rot- bis dunkelbraunen Schüppchen, feucht schmierig bis schleimig. Lamellen dottergelb, alt rostgelblich, ausgebuchtet angewachsen. Stiel chromgelb mit deutlichem Schleier (rostbraune Velumfasern) bedeckt, Basis mit zwiebelartiger, deutlich gerandeter Knolle. Fleisch dottergelb, Geruch widerlich erdig.

WICHTIGSTE MERKMALE

- Hut zitronen- bis dottergelb, mit rot- bis dunkelbraunen Schüppchen
- Lamellen dotter- bis kanariengelb, ausgebuchtet angewachsen
- Stielbasis mit zwiebelartiger, gerandeter Knolle

VORKOMMEN

- Sommer bis Herbst
- Mykorrhiza-Pilz
- Generalist, bevorzugt kalkreiche Böden
- Einzeln

VERGIFTUNG: ORELLANUS-SYNDROM

Der Dottergelbe Klumpfuß enthält ein noch unbekanntes, dem Gift Orellanin ähnliches Toxin. Die Symptome sind aber ähnlich (Durst, trockener Mund, Kopf- und Nierenschmerzen, Versagen der Urinproduktion bis zum akuten Nierenversagen) und treten erst einige Tage nach der Pilzmahlzeit auf. Schon geringe Mengen können Nierenschäden hervorrufen, Todesfälle sind eher selten.

BLEIWEISSER FIRNIS-TRICHTERLING

Clitocybe phyllophila
tödlich giftig, Sporenpulver rosa-creme

Dieser Pilz ist einer der Gründe, warum allgemeine Vorsicht bei kleinen, weißen Pilzen sämtlicher Gattungen geboten ist!

VERWECHSLUNGSGEFAHREN

Der Bleiweiße Firnis-Trichterling kommt meist in Streu von Laub- und Nadelwäldern vor. Fast identisch sieht der ebenfalls tödlich giftige Feld-Trichterling aus, der zum Unterschied aber eher auf Wiesen wächst. Sehr ähnlich ist zudem der essbare Mehl-Räsling (Seite 288), der auch fein bereift ist, aber stärker herablaufende Lamellen und rosa Sporenpulver hat. Eine sichere Unterscheidung ist für Anfänger schwierig.

ERKENNUNGSMERKMALE

Hut schon jung flach gewölbt, dann abgeflacht, trichterartig werdend, Grundfarbe bräunlich, mit einer weißen, abwischbaren Schicht (»Firnis«) überzogen, Rand lange eingebogen. Lamellen weißlich, zunehmend cremefarben, gedrängt stehend, breit angewachsen und ein wenig herablaufend. Stiel weißlich, ein wenig bereift, zylindrisch, Stielbasis mit weißem Mycelfilz. Fleisch weiß bis graubräunlich.

WICHTIGSTE MERKMALE

- Hut trichterartig abgeflacht
- Hut mit weißem Firnis
- Lamellen leicht herablaufend
- Stielbasis mit Mycelfilz

VORKOMMEN

- Frühsommer bis Spätherbst
- Saprobiont
- Generalist, gerne im Nadelstreu
- Einzeln, gerne in Hexenringen

VERGIFTUNG: MUSKARIN-SYNDROM

Schweißausbrüche, Sehstörungen, Blutdruckabfall, Tränen- und Speichelfluss bis zu Brechdurchfällen zählen zu den Symptomen, die schon nach wenigen Minuten bis maximal 3 Stunden auftreten. Das enthaltene Gift Muskarin kann in größeren Mengen einen tödlichen Krankheitsverlauf auslösen. Eine schnelle Behandlung im Krankenhaus mit Aktivkohle und Atropin (Tollkirsche) als Gegengift kann Schlimmeres verhindern.

Der essbare Mehl-Räsling ähnelt dem bleiweißen Trichterling sehr und sollte deshalb nur von Kennerinnen und Kennern gesammelt werden.

ZIEGELROTER RISSPILZ

Inosperma erubescens
tödlich giftig, Sporenpulver dunkelbraun

Wenn der Frühling so richtig Einzug gehalten hat und die Morchel-Zeit fast vorüber ist, kommt mit diesem großen Risspilz einer der ersten hochgiftigen Pilze des Jahres zum Vorschein.

WICHTIGSTE MERKMALE

- Hut jung grauweiß, später ziegelrot anlaufend
- Hutrand radial einreißend
- Lamellen angewachsen
- Stielbasis verdickt

VORKOMMEN

- Frühling bis Sommer
- Mykorrhiza
- In Buchen- und Eichenwäldern, Parks und auf Waldwegen
- Einzeln

VERWECHSLUNGSGEFAHREN

Der klassische Verwechslungspartner ist der essbare Maipilz (Seite 270). Junge, noch geschlossene Maipilze gleichen diesem Risspilz enorm. Später sind deutlichere Merkmale sichtbar. Der Maipilz hat auf dem Hut keine ziegelrot anlaufenden Stellen, keinen radialrissigen Hutrand, aber einen mehlig-gurkenartigen Geruch. Verwechslungen mit anderen Risspilzen sind möglich, doch gibt es unter allen Risspilz-Gattungen keine Speisepilze.

ERKENNUNGSMERKMALE

Hut jung glockig, dann unregelmäßig verflachend, mit stumpfem Buckel, Oberfläche jung grauweiß, später mit ziegelroten, längsfaserigen Verfärbungen, im Alter rotbraune Oberfläche, Hutrand radial einreißend. Lamellen zuerst weißlich, dann graubraun, im Alter braun, eng zusammenstehend und am Stiel angewachsen. Stiel schmutzig weißlich, später etwas rötend, Basis schwach verdickt. Fleisch weißlich, im Schnitt rötend. Geruch spermatisch!

VERGIFTUNG: MUSKARIN-SYNDROM

Der Muskarin-Gehalt von Ziegelroten Risspilzen ist örtlich sehr verschieden. Sein Verzehr verursacht innerhalb weniger Minuten (fallweise auch erst nach 2 Stunden) Bewusstseinstrübung, Schweißausbrüche, Blutdruckabfall, Brechdurchfälle und kann durch Herzlähmung zum Tode führen. Eine schnelle Behandlung im Krankenhaus mit Aktivkohle und Atropin (Tollkirsche) als Gegengift kann Schlimmeres verhindern.

Ziegelroter Risspilz in etwas jüngerem Stadium

GIFTIG

LILA RETTICH-HELMLING

Mycena pura
mindergiftig, Sporenpulver weiß

ROSA RETTICH-HELMLING

Mycena rosea
giftig, Sporenpulver weiß

Lila und Rosa Rettich-Helmling sind die häufigsten einer ganzen Reihe von ähnlichen Rettich-Helmlingen, die alle mehr oder weniger giftig sind.

VERWECHSLUNGSGEFAHREN

Die Rettich-Helmlinge sind untereinander schwer zu unterscheiden. Der essbare (aber mittlerweile wegen seiner hohen Arsengehalte umstrittene) Violette Lacktrichterling hat eine dunklere violette Färbung und riecht nie nach Rettich.

ERKENNUNGSMERKMALE

Hut blau-lila bis blauviolett und Lamellen weiß bis violett (beim Lila Rettich-Helmling), Hut rosa und Lamellen weißlich mit rosa Ton (beim Rosa-Rettich-Helmling), jung glockig bis kegelig, alt ausgebreitet, mit stumpfem Buckel, Rand gerieft, hygrophan. Stiel zerbrechlich und hohl, Basis weißfilzig. Geruch und Geschmack rettichartig.

WICHTIGSTE MERKMALE

- Geruch rettichartig
- Hutrand gerieft
- Lamellen weißlich mit violett/rosa Tönen, ausgebuchtet, angewachsen
- Stielbasis weißfilzig
- Stiel hohl und zerbrechlich

VORKOMMEN

- Sommer bis Spätherbst
- Saprobiont
- Generalist
- Einzeln

VERGIFTUNG: MUSKARIN-SYNDROM

Rettich-Helmlinge beinhalten ebenfalls das Gift Muskarin, wenn auch in geringeren Mengen als die beiden anderen genannten Pilze. Nach 15 Minuten bis 2 Stunden setzen heftige, akute Brechdurchfälle ein, fallweise werden verschiedene neurologische Störungen beobachtet.

GIFTIG

GIFTIG

PANTHERPILZ

Amanita pantherina
stark giftig, Sporenpulver weiß

Dieser Wulstling verursacht jedes Jahr viele Pilzvergiftungen und stellt für Pilzanfänger bei der sicheren Bestimmung oft eine große Herausforderung dar, da geschätzte Speisepilze in der gleichen Gattung vorkommen.

WICHTIGSTE MERKMALE

- Bräunlicher Hut mit reinweißen Flöckchen
- Hutrand gerieft
- Freie Lamellen
- Ring am Stiel ungerieft
- Stielbasis in Knolle eingepfropft

VORKOMMEN

- Frühsommer bis Spätherbst
- Mykorrhiza-Pilz
- Generalist
- Meist bei Laubbäumen, seltener bei Nadelbäumen
- Einzeln

VERWECHSLUNGSGEFAHREN

Verwechslungen gibt es konkret mit dem Perlpilz (Seite 260) und dem Grauen Wulstling (Seite 262) – beides Speisepilze. Bei diesen drei Arten kann auf den ersten Blick die äußere Erscheinung sehr ähnlich sein. Ein wichtiges Unterscheidungsmerkmal ist die Riefung des Hutrandes beim Pantherpilz, die der Perlpilz und der Graue Wulstling nicht besitzen. Im Gegensatz dazu gibt es bei den zwei Speisepilzen eine Riefung des Ringes. Ein bedeutendes Merkmal ist auch die Stielbasis, die beim Perlpilz und dem Grauen Wulstling rübenartig und nicht wie beim Pantherpilz eine vom Stiel abgesetzte Knolle ist. Die typische Rotfärbung des Perlpilzes (an Fraßstellen, Anschnitten, Querschnitt, Hut) besitzt der Pantherpilz ebenfalls nicht.

ERKENNUNGSMERKMALE

Das wichtigste Merkmal beim Pantherpilz ist der bräunliche Hut mit den weißen, meist konzentrischen Flöckchen. Der Hutrand ist (meist) gerieft, der Ring am Stiel jedoch ungerieft. Die Lamellen sind gedrängt und frei. Die Stielbasis ist eingepfropft in eine Knolle (»Bergsteigersöckchen«). Der Geruch ist leicht rettichartig, das Fleisch ist weiß.

VERGIFTUNG: PANTHERINA-SYNDROM

Giftstoffe sind Muscimol und Ibotensäure, die schon nach 15 Minuten bis meist 2 Stunden schwere rauschähnliche Zustände hervorrufen: Halluzinationen, Sprachstörungen, Schwindel, Muskelzuckungen und Erbrechen sind typisch, die Vergiftung endet mit einem komaähnlichen Schlaf. Es kommt bei Nichtbehandlung auch zu Todesfällen.

GIFTIG

FLIEGENPILZ

Amanita muscaria
giftig, Sporenpulver weiß

Der Fliegenpilz ist der bekannteste Giftpilz überhaupt und weist manchmal auf ein Steinpilz-Vorkommen hin. Er gilt als Glückssymbol und wird seit Jahrhunderten von Naturvölkern rund um den Globus für Rituale verwendet.

VERWECHSLUNGSGEFAHREN

Der essbare Kaiserling (Seite 258) ist ein potenzieller Verwechslungspartner. Dieser hat jedoch einen gelben Stiel, gelbe Lamellen sowie eine weiße lappige Scheide. Für Anfängerinnen und Anfänger ist beim Sammeln von jungen Stäublingen (z. B. Seite 232), die jungen Fliegenpilzen ähnlich sehen können, Vorsicht geboten. Auf den wesentlich giftigeren Königsfliegenpilz und die gelbe Varietät des Fliegenpilzes muss ebenfalls geachtet werden.

ERKENNUNGSMERKMALE

Roter Hut mit gerieftem Rand und weißen Flöckchen. Der Stielring ist meist deutlich gerieft. Typisches Merkmal ist die rübenartige Stielbasis mit Warzenkränzchen. Das Fleisch ist weiß.

VERGIFTUNG: PANTHERINA-SYNDROM

Giftstoffe sind Muscimol und Ibotensäure, die berauschend wirken können. Gerade der Königsfliegenpilz ist in seiner Giftigkeit den roten Arten überlegen und dem Pantherpilz ähnlich.

WICHTIGSTE MERKMALE

- Hut leuchtend rot, mit weißen Flöckchen
- Hutrand gerieft
- Freie Lamellen
- Stielring gerieft
- Stielbasis warzig gegürtelt

VORKOMMEN

- Sommer bis Spätherbst
- Mykorrhiza-Pilz
- Generalist
- Einzeln

Königsfliegenpilz

Gelbe Varietät des Fliegenpilzes

GIFTIG

NARZISSENGELBER WULSTLING

Amanita gemmata
giftig, Sporenpulver weiß

Ein weiterer Giftpilz der Wulstlingsfamilie, allerdings deutlich ungefährlicher als seine Verwandten.

WICHTIGSTE MERKMALE

- Hut zitronengelb
- Hut mit weißen Velumresten
- Lamellen frei, eng stehend
- Stiel mit Ring und rübenartiger Basis

VORKOMMEN

- Frühsommer bis Spätherbst
- Mykorrhiza-Pilz
- Mischwald, gerne bei Fichte und Kiefer
- Einzeln

VERWECHSLUNGSGEFAHREN

Der Gelbe Knollenblätterpilz (Seite 127) ist ihm sehr ähnlich. Dieser besitzt jedoch eine gerandete Knolle und riecht nach rohen Kartoffeln. Eine Verwechslung mit gelbhütigen Täublingen (z. B. Seite 200) ist theoretisch möglich. Diese haben jedoch keine Knolle und keine Manschette.

ERKENNUNGSMERKMALE

Hut zitronengelb, mit weißen Velumresten bedeckt, jung halbkugelig, dann ausgebreitet, Rand gerieft. Lamellen weiß und frei. Stiel weiß, mit herabhängendem Ring. Stielbasis rübenartig knollig, durchaus dem Pantherpilz ähnlich.

VERGIFTUNG: PANTHERINA-SYNDROM

Die Giftmenge (Muscarin, Ibothensäure, Muscimol) ist unterschiedlich und die Symptome sind ähnlich wie bei einer Vergiftung mit Pantherpilzen, aber schwächer ausgeprägt.

GELBER KNOLLENBLÄTTERPILZ

Amanita citrina
giftig, Sporenpulver weiß

Im Gegensatz zu den weißen und grünen Knollenblätterpilzen ist diese Art nicht tödlich giftig.

VERWECHSLUNGSGEFAHREN

Wenn man die freien Lamellen, den häutigen Ring und die gerandete Knolle berücksichtigt, ist höchstens eine Verwechslung mit dem giftigen Narzissengelben Wulstling möglich.

ERKENNUNGSMERKMALE

Den Gelben Knollenblätterpilz erkennt man umgehend am Kartoffelgeruch. Der hellgelbe Hut ist meist mit schmutzig-gelben Velumresten besetzt. Die Lamellen sind weiß und frei. Der Ring ist gerieft und die Stielknolle ist deutlich gerandet. Das Fleisch ist weiß und faserig.

VERGIFTUNG: BUFOTENIN-VERGIFTUNG

Teilweise gleiche Symptome wie beim Pantherina-Syndrom. Der Pilz enthält das Krötengift Bufotenin, das erhöhte Herztätigkeit verursacht und halluzinogen wirkt. Dieses Gift ist hitzelabil und zerstört sich weitestgehend beim Kochen.

WICHTIGSTE MERKMALE

- Gelber Hut mit abwischbaren Flöckchen
- Freie Lamellen
- Stiel mit Ring und gerandeter Knolle
- Geruch nach Kartoffelkeller

VORKOMMEN

- Frühsommer bis Spätherbst
- Mykorrhiza-Pilz
- Generalist
- Einzeln

FRÜHJAHRS-LORCHEL

Gyromitra esculenta
tödlich giftig, Sporenpulver weiß

Dieser in seltenen Fällen, aber nachweislich tödliche Pilz galt bei uns lange als essbar und wird auch heute noch in nord- und osteuropäischen Ländern als Marktpilz angeboten und gegessen.

VERWECHSLUNGSGEFAHREN

Eine Verwechslung mit Speise-Morchel (Seite 240) und Spitz-Morchel (Seite 242) ist der Klassiker. Morcheln haben jedoch einen bienenwabenartigen Hut und einen hohlen Stiel, während die Frühjahrs-Lorchel einen hirnartig gewundenen Hut besitzt. Häufig kommt es zur Verwechslung mit der ebenfalls tödlich giftigen Riesen-Lorchel, diese hat jedoch einen kaum vorhandenen, sichtbaren Stiel und einen lappigen Hut. Verwechslungen mit anderen Lorchel-Arten sind ohne gutes Fachwissen nicht auszuschließen.

ERKENNUNGSMERKMALE

Hut kastanienbraun mit unregelmäßig hirnartig gewundenen und verschiedenen dicken, ungleichen Faltungen. Stiel weiß bis creme, mit dem Hut verwachsen, nach oben verbreitert, mit etlichen unregelmäßigen Furchen. Fleisch weiß, wachsartig brüchig, zäh und etwas knorpelig.

WICHTIGSTE MERKMALE

- Hut kastanienbraun
- Hut hirnartig gewunden
- Stil innen unregelmäßig gekammert
- Stielbasis kaum vorhanden

VORKOMMEN

- März bis Mai
- Saprobiont
- In sandigen Kiefernwäldern
- Einzeln

VERGIFTUNG: GYROMITRA-SYNDROM

Der Großteil der Giftstoffe von Lorcheln verflüchtigt sich beim Kochen. Trotzdem sind Todesfälle bekannt! Der Giftstoff Gyromitrin wirkt wie bei einer Knollenblätterpilzvergiftung in zwei Phasen. Nach 6 bis 12 Stunden kommt es zu Kopfschmerzen, Übelkeit, Erbrechen und blutigem Durchfall, nach scheinbarer Besserung aber nach 2 bis 6 Tagen zu Muskellähmungen, Blutschädigung, Leber- und Nierenschäden und Koma. Bei Nichtbehandlung (mit Aktivkohle und Elektrolyten) kommt es fallweise zum Tod durch Kreislaufzusammenbruch.

GRÜNLING

Tricholoma equestre
tödlich giftig, Sporenpulver weiß

Genau wie die Giftlorcheln galt auch der Grünling lange als Speisepilz und wird immer noch in vielen Regionen Europas verzehrt – was ein tödliches Risiko darstellt.

VERWECHSLUNGSGEFAHREN

Der ebenfalls tödlich giftige Dottergelbe Klumpfuß (Seite 114) ist farblich ähnlich, hat jedoch schon im frühen Stadium einen Schleier zwischen Hutrand und Stiel sowie eine knollige Stielbasis. Der giftige Schwefel-Ritterling (Seite 155) ist in der Erscheinung fast identisch, besitzt jedoch gelbes Fleisch und riecht sehr unangenehm nach Leuchtgas. Eine Verwechslung mit gängigen Speisepilzen ist fast ausgeschlossen.

ERKENNUNGSMERKMALE

Jung halbkugelig mit stumpfem Buckel, alt ausgebreitet, ockergelb, mit feinen grün-bräunlichen Schüppchen. Lamellen gelb, mit der Zeit ausblassend, engstehend, am Stielansatz ausgebuchtet angewachsen (»Burggraben«). Stiel zylindrisch etwas heller als die Hutfarbe, Stielbasis oft verdickt. Fleisch weiß bis leicht gelblich, unter der Huthaut stärker gelblich.

WICHTIGSTE MERKMALE

- Hut ockergelb mit Schüppchen
- Lamellen ausgebuchtet angewachsen
- Stiel heller als Hutfarbe
- Stielbasis oft verdickt

VORKOMMEN

- Spätsommer bis Spätherbst
- Mykorrhiza-Pilz
- Generalist, gerne in sandigen Kiefernwäldern
- Einzeln

VERGIFTUNG: EQUESTRE-SYNDROM / RHABDOMYOLYSE-SYNDROM

Diese Vergiftung tritt oft erst nach mehrmaligem Genuss und größeren Verzehrmengen auf. Symptome erscheinen 1 bis 4 Tage nach einer Mahlzeit, typisch sind Müdigkeit, Atembeschwerden, Nieren- und Muskelschmerzen sowie dunkler Urin. In schweren Fällen kommt es zur Muskelzersetzung (Rhabdomyolyse), die medikamentös nicht zu stoppen ist und tödlich wirkt, wenn auch der Herzmuskel vom Gift angegriffen ist.

GEMEINER ERD-RITTERLING

Tricholoma terreum
giftverdächtig, Sporenpulver weiß

Der Speisewert dieses Ritterlings wurde von ursprünglich essbar auf giftverdächtig geändert, da ähnliche Giftstoffe wie beim Grünling (Seite 130) festgestellt wurden.

VERWECHSLUNGSGEFAHREN

Eine Verwechslung innerhalb der Erd-Ritterlinge ist häufig, da die Unterscheidung ohne mikroskopisch sichtbare Merkmale sehr schwierig ist. Der ähnliche, tödlich giftige Tiger-Ritterling (Seite 142) besitzt zum Unterschied an der Stielspitze klare Wassertröpfchen.

ERKENNUNGSMERKMALE

Hut flach gewölbt, mit stumpfem Buckel, schwarzgrau, trocken, feinschuppig und längsfaserig. Lamellen grau-weißlich, ausgebuchtet angewachsen. Stiel weißflockig bereift. Fleisch weiß und brüchig. Kein besonderer Geruch.

VERGIFTUNG: RHABDOMYOLYSE-SYNDROM

In Frankreich wird der Pilz nach wie vor gegessen. Aufgrund der Möglichkeit, dass es daraufhin zu einem Zerfall von Muskelfasern (Rhabdomyolyse) kommt, ist vom Verzehr abzuraten.

WICHTIGSTE MERKMALE

- Schwarzgrauer Hut
- Hut mit stumpfem Buckel
- Lamellen grau-weißlich
- Stiel weißflockig
- Fleisch weiß

VORKOMMEN

- Sommer bis Spätherbst
- Mykorrhiza-Pilz
- In kalkhaltigen Nadelwäldern
- Einzeln

KAHLER KREMPLING

Paxillus involutus
tödlich giftig, Sporenpulver olivbraun

Ein in Nadelwäldern häufiger Pilz, der genauso wie Frühjahrs-Lorchel und Grünling früher als Speisepilz bekannt war und trotz seiner Giftigkeit noch immer verzehrt wird.

WICHTIGSTE MERKMALE

- Hut ockerbraun
- Hut trichterförmig
- Lamellen auf Druck bräunend
- Stielbasis zugespitzt

VORKOMMEN

- Frühsommer bis Spätherbst
- Mykorrhiza-Pilz, gerne bei Flechten
- Generalist
- Einzeln

VERWECHSLUNGSGEFAHREN

Der bei Erlen wachsende, ebenfalls tödlich giftige Erlen-Krempling ist von der Erscheinung her praktisch identisch. Diverse Reizker (ab Seite 208) erscheinen auf den ersten Blick ähnlich, weisen jedoch orange oder weiße Milch auf. Achtung beim Sammeln von Samtfuß-Holz-Kremplingen (Seite 180).

ERKENNUNGSMERKMALE

Hut ockerbraun, schnell trichterförmig, Rand stark eingerollt. Lamellen rostbraun, angewachsen, verschiebbar, teils gegabelt und auf Druck bräunend. Stiel braunrötlich, Basis verjüngt. Fleisch weiß, ebenfalls schnell bräunend.

VERGIFTUNG: PAXILLUS-SYNDROM

Dabei handelt es sich um keine klassische Vergiftung, sondern um eine allergische Reaktion (Autoimmunreaktion). Die Empfindlichkeit baut sich von Mahlzeit zu Mahlzeit auf. Beim Einsetzen der »Vergiftung« kommt es zu Brechdurchfall, Magenkrämpfen, Blut im Harn und nach einiger Zeit zu einer Hämolyse (Zerstörung der roten Blutkörperchen) und dadurch zu Nierenversagen und in schweren Fällen zu Kollaps und Tod. Bei manchen Menschen bleibt der Verzehr ohne Folgen.

GIFTIG

ZIMTFARBENER WEICHPORLING

Hapalopilus rutilans
stark giftig, Sporenpulver hellbraun

Der einzige hochgiftige Porling überhaupt, der von Leberreischling-Suchenden gut gekannt werden muss.

VERWECHSLUNGSGEFAHREN

Junge Exemplare ähneln anderen (nicht essbaren) Porlingsarten. Vorsicht ist vor allem bei Leberreischlingen (Seite 221) geboten, sie können ähnlich aussehen. Der Querschnitt ist ein eindeutiges Unterscheidungsmerkmal. Fachleute können diesen Giftpilz zudem mit einer Laugenreaktion sicher bestimmen.

ERKENNUNGSMERKMALE

Hut zimtbraun, teller- bis muschelförmig, im frischen Zustand weich. Röhren ebenfalls zimtbraun und eckig. Kein Stiel, am Holzstamm waagrecht wachsend, fallweise dachziegelartig übereinander. Beim Kochen verfärbt sich der Pilz violett.

VERGIFTUNG: POLYPORSÄURE-SYNDROM

Vergiftungen sind zum Glück selten. Die Polyporsäure führt nach 12 Stunden zu Seh- und Koordinationsstörungen und violettem Urin. Schwere Leber- und Nierenschädigung können die Folge sein.

WICHTIGSTE MERKMALE

- Hut zimtbraun
- Hut muschelförmig
- Röhren zimtbraun
- Kein Stiel

VORKOMMEN

- Ganzjährig
- Saprobiont
- Meist auf Laubholz
- Einzeln

GIFTIG

DUNKLER ÖLBAUMTRICHTERLING

(ÖLBAUMPILZ)

Omphalotus olearius
giftig, Sporenpulver hellgelb

Dieser wärmeliebende Pilz wird auch bei uns aufgrund zunehmender Temperaturen häufiger und sollte von allen Pfifferlings-Freunden gut gekannt werden.

VERWECHSLUNGSGEFAHREN

Vorsicht vor Verwechslungen mit dem essbaren Echten Pfifferling (Seite 182). Dieser hat jedoch festsitzende Leisten und keine Lamellen und nur im Alter eine orange Färbung; außerdem wachsen Pfifferlinge nie büschelig.

ERKENNUNGSMERKMALE

Hut fuchsigbraun, trichterförmig, Rand lange eingerollt. Lamellen goldgelb, herablaufend. Stiel ebenfalls fuchsigbraun-orange. Fleisch gelblich, zäh, längsfaserig. Geruch neutral, nicht wie Pfifferlinge.

VERGIFTUNG: OMPHALOTUS-SYNDROM

Vergiftungssymptome treten nach 1 bis 3 Stunden auf: Bauchkrämpfe, Kopfschmerzen, Schweißausbrüche sowie Erbrechen, fallweise heftige Brechdurchfälle. Leberschäden sind nicht ausgeschlossen.

BESONDERHEIT

Der Pilz enthält ein bestimmtes Enzym, das Biolumineszenz verursacht, somit können sein Myzel und die Lamellen im Dunkeln leuchten.

WICHTIGSTE MERKMALE

- Hut fuchsig-braun
- Hut trichterförmig
- Lamellen goldgelb
- Stiel fuchsig-braun

VORKOMMEN

- Frühsommer bis Spätherbst
- Saprobiont
- Laubholz, Olivenbaum, Eiche und Edelkastanie
- Einzeln bis büschelig

GIFTIG

RIESEN-RÖTLING

Entoloma sinuatum
potenziell tödlich giftig,
Sporenpulver rosarot

Eine der wenigen Rötlingsarten, die eine Mykorrhiza-Verbindung eingehen und dadurch besonders kräftige Fruchtkörper aufweisen.

VERWECHSLUNGSGEFAHREN

In der Übergangszeit vom Frühling zum Sommer kann er mit dem essbaren Maipilz (Seite 270) verwechselt werden. Er ist extrem ähnlich! Er hat auch einen Mehl- oder Gurkengeruch und verfügt ebenso über ausgebuchtet angewachsene Lamellen, sie sind bei ihm jedoch weiß bis gelblich und nicht lachsfarben. Weitere Verwechslungsmöglichkeiten mit anderen rosasporigen Pilzen wie Mehl-Räsling (Seite 288) und Scheidlingen bzw. mit der Nebelkappe sollten beachtet werden.

ERKENNUNGSMERKMALE

Hut jung halbkugelig, dann verflachend, mit oft etwas aufgebogenem Rand. Hutoberfläche schmutzig weißlich bis graubräunlich, seidig glänzend. Lamellen ausgebuchtet angewachsen, jung gelblich, dann lachsrosa, mit Zwischenlamellen. Stiel jung weißlich, dann ockerbräunlich, Basis etwas verdickt, weißfilzig. Fleisch weiß und fest. Geruch nach Mehl oder Gurken.

WICHTIGSTE MERKMALE

- Hut schmutzig weißlich bis graubräunlich
- Lamellen jung gelblich, dann lachsrosa
- Stielbasis etwas verdickt
- Stielbasis mit weißem Filz

VORKOMMEN

- Frühsommer bis Herbst
- Mykorrhiza-Pilz
- In Laubwäldern, gerne bei Buchen und Eichen, auf kalkreichen Böden
- Einzeln

VERGIFTUNG: GASTROINTESTINALES SYNDROM

Nach etwa vier Stunden kommt es zu Übelkeit, Bauchkrämpfen sowie Brechdurchfall und dadurch zu einem starken Flüssigkeitsverlust mit Muskelkrämpfen und lebensbedrohlichen Kreislaufstörungen. Gefährlich ist dieser Pilz auch für Menschen mit den Blutgruppen A und AB, da hier die Blutkörperchen verklumpen können. Eine Behandlung im Krankenhaus ist unbedingt notwendig, viel Flüssigkeit und Elektrolyte werden zugeführt, dann klingen die Beschwerden meist ohne Folgeschäden ab.

GIFTIG

TIGER-RITTERLING

Tricholoma pardinum
potenziell tödlich giftig,
Sporenpulver weiß

Der Tiger-Ritterling zählt zu den gefährlichsten Arten der gesamten Gattung Ritterlinge und sollte daher erkannt werden.

VERWECHSLUNGSGEFAHREN

Zwei seiner wichtigsten Details sind Schüppchen auf dem Hut, die an ein Tigerfell erinnern, wie auch die Wassertröpfchen an den Lamellenschneiden und an der Stielspitze. Verwechslungen mit anderen Ritterlingen sind leicht möglich, wobei von ihnen nur wenige essbar, allerdings minderwertig sind, etwa der Mausgraue Erd-Ritterling.

ERKENNUNGSMERKMALE

Hut mit weiß-gräulichem Farbton, besetzt mit schwarzbraunen Schüppchen, jung halbkugelig, dann flach werdend, mit stumpfem Buckel, Rand lange eingerollt. Lamellen weißlich, später cremefarben bis hellbraun, gedrängt, am Stiel ausgebuchtet angewachsen (»Burggraben«), Lamellenschneiden mit klaren Wassertröpfchen. Stiel weißlich, zylindrisch bis keulenartig, an der Stielspitze ebenfalls mit herablaufenden Wassertröpfchen.

WICHTIGSTE MERKMALE

- Hut weiß-gräulich, mit schwarzbraunen Schüppchen
- Lamellen gedrängt, ausgebuchtet angewachsen
- Stielspitze mit Wassertröpfchen

VORKOMMEN

- Sommer bis Spätherbst
- Mykorrhiza-Pilz
- Generalist, meist im Laubwald, gerne auf kalkreichen Böden
- Einzeln

VERGIFTUNG: GASTROINTESTINALES SYNDROM

Der Tiger-Ritterling hat noch unbekannte Giftstoffe, kann aber schon nach 15 bis 20 Minuten besonders heftige, lang anhaltende Magen-Darm-Probleme mit Brechdurchfall, Wasserverlust und Kreislaufproblemen auslösen. Bei vorbelasteten Personen kann ein tödlicher Verlauf nicht ausgeschlossen werden.

GIFTIG

BAUCHWEH-KORALLE

Ramaria pallida
giftig, Sporenpulver ockergelb

Die Korallen-Pilze oder »Bärentatzen« sollten nur ein Augenschmaus sein, da sich essbare und giftige Arten kaum unterscheiden lassen.

VERWECHSLUNGSGEFAHREN

Diverse essbare, giftige und ungenießbare Korallen-Pilze ähneln sich so sehr, dass eine sichere Bestimmung nur mikroskopisch möglich ist. Die essbare Krause Glucke (Seite 228) hat keine steifen, nach oben gerichteten Äste, sondern einen blumenkohlartigen, badeschwamm-ähnlichen Fruchtkörper und wächst bei Kiefern.

ERKENNUNGSMERKMALE

Fruchtkörper bis 15 cm hoch, aus einem Strunk wachsend, schmutzigweiß, cremefarbig, älter mit leicht lila getönten Astspitzen und stumpfen End-Zähnchen; Äste von der Basis her senkrecht und steif nach oben gerichtet, Fruchtkörper im Alter dunkler und braunfleckig. Fleisch weißlich, fest, an Druckstellen rotfleckig. Geruch säuerlich, älter etwas nach Maggi.

VERGIFTUNG: GASTROINTESTINALES SYNDROM

Die Bauchweh-Koralle verursacht nach 15 Minuten bis 4 Stunden schwere kolikartige Brechdurchfälle und starke Magen-Darm-Vergiftungen.

WICHTIGSTE MERKMALE

- Größere Koralle mit steifen Ästen
- Astspitzen lila getönt
- Strunkartig auf dem Boden wachsend

VORKOMMEN

- Spätsommer bis Herbst
- Mykorrhiza-Pilz
- Generalist, meist auf Kalkböden
- Einzeln

BLUTROTER HAUTKOPF

Cortinarius sanguineus
giftig, Sporenpulver rostbraun

Alle Hautköpfe, die zu den Haarschleierlingen zählen, sind giftverdächtig oder giftig. Der Pilz wird leider in Massen gesammelt, da er sich zum Färben von Stoffen eignet.

VERWECHSLUNGSGEFAHREN

Hautköpfe werden vorwiegend mit anderen Schleierlingen (Gürtelfüßen, Rauköpfen) oder mit Flämmlingen verwechselt. Sie ähneln einer Vielzahl von »kleinen braunen« Pilzen aus verschiedenen Gattungen, die allesamt mit besonderer Vorsicht behandelt werden sollten.

ERKENNUNGSMERKMALE

Hut blutrot, feinfilzig, jung glockig mit schwachem Buckel, alt ausgebreitet. Lamellen braunrot, ausgebuchtet angewachsen, jung mit flüchtigem Schleier. Stiel bräunlich bis blutrot, meist gebogen. Fleisch blutrot, mit schwachem Rettichgeruch.

VERGIFTUNG: GASTROINTESTINALES SYNDROM

Verwechslungen mit Trompeten-Pfifferlingen (Seite 186) kommen immer wieder vor und können zu starken Magen-Darm-Problematiken führen.

WICHTIGSTE MERKMALE

- Blutroter Hut
- Hut mit Buckel
- Lamellen braunrot
- Stiel bräunlich bis blutrot
- Gebogener Stiel

VORKOMMEN

- Sommer bis Spätherbst
- Mykorrhiza-Pilz
- Nadelwald, auf saurem, moorigem Boden
- Einzeln

Giftiger Hautkopf (links) vs. essbarer Trompetenpfifferling (rechts)

BOCKS-DICKFUSS

Cortinarius camphoratus
giftig, Sporenpulver gelbbraun

Ein weiterer interessanter, aber giftiger Pilz aus den Reihen der Schleierlinge.

VERWECHSLUNGSGEFAHREN

Allgemeine Vorsicht ist bei allen violetten Schleierlingen geboten. Beim ähnlichen und ebenfalls giftigen Lila Dickfuß verfärbt sich das Fleisch safrangelb. Die essbaren Rötelritterlinge (Seite 272) können sehr ähnlich aussehen, weshalb alle Merkmale besonders beachtet werden müssen.

ERKENNUNGSMERKMALE

Hut hellviolett, feinfaserig, jung halbkugelig, dann gewölbt. Lamellen angewachsen, violett, später zimtbraun, jung mit weißem Schleier. Stiel blaulila, Basis keulig. Das Fleisch ist fest, hellviolett und nur am Fuß etwas ockerfarben. Geruch widerlich nach Ziegenbock oder Schweißfüßen. Der üble Geruch ist ein eindeutiges Bestimmungsmerkmal und vermittelt seine Unverträglichkeit.

VERGIFTUNG: GASTROINTESTINALES SYNDROM

Verwechslungen mit violetten Rötelritterlingen kommen immer wieder vor und haben Magen-Darm-Verstimmungen zur Folge.

WICHTIGSTE MERKMALE

- Geruch nach Ziegenbock
- Hellvioletter Hut
- Lamellen violett, zimtbraun
- Stielbasis keulig
- Fleisch violett

VORKOMMEN

- Sommer bis Spätherbst
- Mykorrhiza-Pilz
- Nadelwald, feuchte, moosige Stellen
- Einzeln

BREITBLÄTTRIGER (HOLZ-)RÜBLING

Megacollybia platyphylla
leicht giftig, Sporenpulver weiß

Dieser einstige Speisepilz führt nachweislich bei größeren Verzehrmengen zu Magen-Darm-Beschwerden.

VERWECHSLUNGSGEFAHREN

Dieser sehr häufige Pilz ähnelt dem Rehbraunen Dachpilz (der aber rosa Lamellen hat) und fallweise giftigen Ritterlings- und Rötlingsarten. Ein wesentlicher Unterschied zu diesen sind seine wurzelartigen Myzelstränge am Stiel.

ERKENNUNGSMERKMALE

Hut dünnfleischig, jung halbkugelig, dann ausgebreitet, grau- bis olivbraun, Mitte meist dunkler, radial gefasert. Lamellen entfernt stehend, jung weiß, alt gelblich, ausgebuchtet angewachsen. Stiel schmutzig-weiß, alt fast hohl. Dieser Pilz ist so dünnfleischig, dass der Hut lichtdurchlässig ist.

VERGIFTUNG: GASTROINTESTINALES SYNDROM

Früher wurden diese Pilze noch verspeist, wobei sie nachweislich bei größeren Verzehrmengen leichte Vergiftungserscheinungen im Magen-Darm-Bereich hervorrufen.

WICHTIGSTE MERKMALE

- Hut dünnfleischig, praktisch ohne Fleisch
- Hut oft eingerissen
- Lamellen ausgebuchtet angewachsen
- Stielbasis mit Myzelsträngen

VORKOMMEN

- Frühling bis Herbst
- Saprobiont
- An modrigem Laub-Nadelholz
- Einzeln

DICKSCHALIGER KARTOFFELBOVIST

Scleroderma citrinum
giftig, Sporenpulver schwarzbraun

Die giftigen Kartoffelboviste mit dick- und dünnschaligen Arten sind häufige Verwechslungspartner von Bovisten und diversen Stäublingen.

VERWECHSLUNGSGEFAHREN

Der ebenfalls giftige Dünnschalige Kartoffelbovist (Leopardenfell-Hartbovist) hat eine dünnere Außenhülle, jedoch die gleiche Fleischfarbe. Schneidet man junge Fruchtkörper von Kartoffelbovisten auf, zeigt sich umgehend der Unterschied zu den Stäublingen: Diese zeigen niemals eine graue oder schwarze Farbe im Anschnitt wie die Kartoffelboviste, sondern sind weiß wie zum Beispiel beim Flaschen-Stäubling (Seite 232).

ERKENNUNGSMERKMALE

Rundlicher, knollenförmiger Fruchtkörper. Außenhülle bis 3 mm dick, hell bis gelbbraun, aufgerissen, leicht bräunlich geschuppt, Scheitel bei Reife mit unregelmäßiger, größerer Öffnung, aus der die Sporenwolken austreten. Fleisch fest und schwer, im Anschnitt jung weiß bis schwarz, bei Sporenreife pulverartig grauschwarz. Geruch stechend, widerlich, gasartig.

WICHTIGSTE MERKMALE

- Geruch widerlich
- Rundlicher, hell- bis gelbbrauner Fruchtkörper
- Kopfteil bei Reife mit Scheitelöffnung
- Fleisch weiß bis schwarz

VORKOMMEN

- Sommer bis Spätherbst
- Mykorrhiza-Pilze
- Im Laub- und Nadelwald, auf sauren, sandigen Böden
- Einzeln, fallweise in Gruppen

VERGIFTUNG: GASTROINTESTINALES SYNDROM

Ihr Verzehr bewirkt nach 20 bis 60 Minuten starke Übelkeit, Erbrechen, Magenkrämpfe, Schweißausbrüche, Schwindel, Kollaps, bis hin zur Bewusstlosigkeit. Ihre Giftigkeit ist nicht zu unterschätzen.

GROSSER RETTICH-FÄLBLING

Hebeloma sinapizans
giftig, Sporenpulver rostbraun

Ein recht häufiger Giftpilz, der für uns keine nennenswerten essbaren Verwechslungspartner aufweist.

VERWECHSLUNGSGEFAHREN

Beachtet man die Lamellenfarbe und den starken Rettich-Geruch, ist er kaum verwechselbar. Eine Ähnlichkeit mit weiteren ungenießbaren bzw. giftigen Fälblingen oder mit giftigen Schleierlingsarten besteht.

ERKENNUNGSMERKMALE

Hut ocker- bis nussbraun, erst halbkugelig, dann flach, mit aufgebogenem Rand. Lamellen eher gedrängt, jung beige, dann milchkaffeebraun, ausgebuchtet angewachsen. Stiel hohl, weißlich bis ockerfarbig, von der Basis her mit zunehmendem Alter bräunend. Als Besonderheit ragt vom Hutfleisch ein kegeliger Zapfen in den hohlen Stiel. Geruch stark rettichartig.

VERGIFTUNG: GASTROINTESTINALES SYNDROM

Dieser Fälbling verursacht heftige Magen-Darm-Beschwerden.

WICHTIGSTE MERKMALE

- Nach Rettich riechender Pilz
- Hut ocker- bis nussbraun
- Lamellen typisch milchkaffeebraun
- Stiel hohl mit Fleischzapfen

VORKOMMEN

- Sommer bis Spätherbst
- Saprobiont
- In Laubwäldern, gerne bei Buchen auf Kalkböden
- Einzeln

GIFTIG

GRÜNBLÄTTRIGER SCHWEFELKOPF

Hypholoma fasciculare
giftig, Sporenpulver dunkel/violett-braun

Dieser Massenpilz kommt von März bis November an verschiedenem Totholz (Laub- und Nadelhölzern) vor und ist ein wichtiger Holzzersetzer.

VERWECHSLUNGSGEFAHREN

Das ähnlich aussehende essbare Stockschwämmchen hat einen beringten und schuppigen Stiel und keinerlei Grüntöne. Der ebenfalls giftige Ziegelrote Schwefelkopf ist im Habitus robuster. Sein Hut ist ziegel- bis fuchsrötlich und er wächst auf Laubholzstrünken. Der essbare Graublättrige Schwefelkopf besitzt rauchgraue Lamellen, hat eine senf- bis ockergelbe Hutoberfläche und bevorzugt Strünke von Nadelholz. Eine Unterscheidung zwischen den essbaren und den giftigen Arten ist ohne ausreichende Erfahrung schwierig, da die Grau- und Grün-Töne dieser Pilze sich sehr ähneln können.

ERKENNUNGSMERKMALE

Hut anfangs halbkugelig, bald gewölbt, alt verflachend, grünlich bis schwefelgelb, Mitte orangegelb, Rand eingerollt und oft mit Velumresten behangen. Lamellen sind schwefel- bis neongelb und stehen gedrängt. Stiel schwefelgelb, durch Schleierreste im unteren Teil rostig braun, an der Spitze mit gelbgrünlicher Färbung. Fleisch schwefelgelb. Geschmack stark bitter.

WICHTIGSTE MERKMALE

- Meist büschelig auf Holz wachsend
- Hut grünlich bis schwefelgelb, mit Velumresten behangen
- Lamellen schwefelgelb und gedrängt
- Stiel schwefelgelb

VORKOMMEN

- Ganzjährig
- Saprobiont
- Auf morschem Laub- und Nadelholz

VERGIFTUNG: GASTROINTESTINALES SYNDROM

Der Verzehr kann zu lang anhaltendem Erbrechen und Durchfall führen, weshalb Betroffene wegen Dehydrierung fallweise auch stationär behandelt werden müssen. Dauerschäden sind nicht zu erwarten.

Ziegelroter Schwefelkopf

Grünblättriger Schwefelkopf

Graublättriger Schwefelkopf

GIFTIG

SATANSRÖHRLING

Rubroboletus satanas
giftig, Sporenpulver olivbraun

***Der* Giftpilz unter den Steinpilz-verwandten schlechthin. Ein vergleichsweise seltener Röhrling.**

WICHTIGSTE MERKMALE

- Hut grauweiß
- Hut halbkugelig bis ausgebreitet
- Blutrote Poren
- Stiel mit rotem Netz, bauchig, Basis zugespitzt

VORKOMMEN

- Sommer bis Spätherbst
- Mykorrhiza-Pilz
- Eher in Laubwäldern, auf kalk-reichen Böden
- Einzeln

VERWECHSLUNGSGEFAHREN

Eine Verwechslung mit dem schwach giftigen Schönfuß-Röhrling (Seite 153) ist durchaus möglich. Dieser besitzt jedoch gelbe Poren und bevorzugt eher saure Böden. Um Verwechslungen mit essbaren blauenden Röhrlingen (ab Seite 170) vorzubeugen, sind der eher helle Hut, die blutroten Poren, die schwache Blaufärbung des Fleisches und der typisch aasartige Geruch des Satanspilzes zu beachten.

ERKENNUNGSMERKMALE

Hut halbkugelig bis ausgebreitet, Rand eingebogen. Seine seidenmatte Oberfläche hellgrau bis grauweiß. Die Röhren und die rundlichen, kleinen Poren sind jung gelblich und werden im Alter blutrot. Der Röhrenboden ist gelb. Auf Druck schwach blauend. Stielspitze gelblich, nach unten karminrot verlaufend, mit feinem rötlichem Netz. Der bauchige Stiel ist in der Basis zuspitzend. Das Fleisch ist weiß- bis hellgelblich, im Schnitt schwach blauend. Geruch aasartig!

VERGIFTUNG: GASTROINTESTINALES SYNDROM

Er enthält ein Gift namens Bolesatin, das starke Magen-Darm-Beschwerden verursacht und schon nach kurzer Zeit zu heftigem Brechdurchfall führt. Auch Kreislaufprobleme können die Folge sein. Todesfälle sind nicht bekannt.

SCHÖNFUSS-RÖHRLING

Caloboletus calopus
giftig, Sporenpulver olivbraun

Der Schönfuß-Röhrling ist eine bunte Schönheit. Er wird immer wieder mit anderen, essbaren Röhrlingen verwechselt.

WICHTIGSTE MERKMALE

- Hut hell- bis lederbraun
- Hut halbkugelig bis ausgebreitet
- Röhren hell-gelblich
- Stiel mit gelbem Netz

VORKOMMEN

- Frühsommer bis Spätherbst
- Mykorrhiza-Pilz
- Eher im sauren Nadelwald. Auch bei Buchen
- Einzeln

VERWECHSLUNGSGEFAHREN

Verwechslungen mit essbaren Rotfuß-Röhrlingen (braungelbe Röhrenschicht, z. B. Seite 173) oder dem giftigen Satansröhrling (rote Röhrenschicht, Seite 152), sind nicht selten.

ERKENNUNGSMERKMALE

Hut hell- bis lederbraun, halbkugelig bis ausgebreitet. Die Röhren sind hell-gelblich und verfärben sich bei Druck schnell blau. Der Stiel ist zur Basis hin rötlich und zur Stielspitze hin gelb gefärbt und hat ein gelbes Netz. Das Fleisch ist im Schnitt schwach blauend. Der Geruch ist unauffällig, der Geschmack stark bitter.

VERGIFTUNG: GASTROINTESTINALES SYNDROM

Dieser Pilz enthält verschiedene Magen-Darm-reizende Giftstoffe.

BÄRTIGER RITTERLING

Tricholoma vaccinum
giftig, Sporenpulver weiß

Ein Massenpilz in Fichtenwäldern, der gerne an Wegrändern zu Herbstbeginn erscheint.

VERWECHSLUNGSGEFAHREN

Durch den zottig behangenen Hutrand ist er zwar gut von den meisten Ritterlingen zu unterscheiden, jedoch könnte er mit giftigen Schleierlingen bzw. Risspilzen verwechselt werden. Verwechslungen mit Speisepilzen sind selten.

ERKENNUNGSMERKMALE

Hut rotbraun, zuerst gewölbt, später verflachend, mit stumpfem Buckel und zottig behangenem Rand. Lamellen jung cremeweiß, alt zunehmend rotbräunlich und sehr dicht stehend, ausgebuchtet angewachsen (»Burggraben«). Stiel rotbraun, oberer Teil heller. Fleisch weiß, später rötlich braun. Modrig-erdiger Geruch.

VERGIFTUNG: GASTROINTESTINALES SYNDROM

Er schmeckt stark bitter und wird mittlerweile als leicht giftig eingestuft, da er bei größeren Verzehrmengen Unwohlsein verursacht.

WICHTIGSTE MERKMALE

- Hut rotbraun mit Buckel
- Hutrand behangen
- Lamellen jung cremeweiß, alt rotbräunlich
- Stiel rotbraun
- Fleisch weiß bis rötlich braun

VORKOMMEN

- Sommer bis Herbst
- Mykorrhiza-Pilz
- Nadelwald, meist bei Fichten
- Einzeln

(GEMEINER) SCHWEFEL-RITTERLING

Tricholoma sulphureum
giftig, Sporenpulver weiß

Diese giftige Ritterlingsart verrät sich Kennern schon von der Weite durch ihren unangenehmen chemischen Geruch.

VERWECHSLUNGSGEFAHREN

Eine Verwechslung mit dem Grünling (Seite 130) und dem minderwertigen, aber essbaren Purpurfilzigen Holzritterling (Seite 275) ist möglich. Dieser Saprobiont wächst jedoch auf Totholz und hat zur gelben Hut-Grundfarbe eine schwach geschuppte, rötliche Hutoberfläche.

ERKENNUNGSMERKMALE

Hut schwefelgelb, in der Mitte teils fein rosaflockig, jung halbkugelig, alt flach werdend, Rand scharf abgrenzend. Lamellen sind schwefelgelb und entgegen den gedrängten Lamellen des Grünlings entfernt stehend, am Stielansatz ausgebuchtet angewachsen (»Burggraben«). Stiel zylindrisch, ebenfalls schwefelgelb mit rostgelb werdenden Längsfasern. Fleisch im ganzen Fruchtkörper schwefelgelb. Geruch ekelhaft, aufdringlich nach Leuchtgas bzw. schwefelartig.

VERGIFTUNG: GASTROINTESTINALES SYNDROM

Trotz des fürchterlichen Geruches wurde der Schwefel-Ritterling schon gegessen. Es folgten Magenkrämpfe und Brechdurchfall verbunden mit Kreislauf- und Koordinationsproblemen.

WICHTIGSTE MERKMALE

- Hut schwefelgelb mit feinen rosa Flöckchen
- Lamellen entfernt stehend, ausgebuchtet angewachsen
- Stiel schwefelgelb mit rostgelben Längsfasern

VORKOMMEN

- Sommer bis Spätherbst
- Mykorrhiza-Pilz
- Generalist, gerne auf kalkreichen Böden
- Einzeln

SEIFEN-RITTERLING

Tricholoma saponaceum
giftig, Sporenpulver weiß

Sein widerlicher Geruch nach modriger Waschküche signalisiert eindeutig, dass es sich hier nicht um einen Speisepilz handelt.

VERWECHSLUNGSGEFAHREN

Der Seifen-Ritterling ist in der Farbgebung sehr veränderlich, sodass selbst Pilzkenner bei der Bestimmung ohne Mikroskop manchmal ratlos sind. Eine Verwechslung mit dem tödlich giftigen Grünling (Seite 130) ist denkbar, dieser hat jedoch keinen seifenartigen Geruch.

ERKENNUNGSMERKMALE

Hut halbkugelig, dann gewölbt, diverse Hutfarben möglich, gegen Hutrand heller. Lamellen weiß bis olivgrau, ausgebuchtet angewachsen. Stiel weißlich mit olivgrauen oder braunen Schüppchen, spindelig, an Schnittstellen langsam rosa anlaufend. Geruch nach Seife.

VERGIFTUNG: GASTROINTESTINALES SYNDROM

Der Seifen-Ritterling ist leicht giftig und kann Brechdurchfälle verursachen.

WICHTIGSTE MERKMALE

- Geruch nach Seife
- Hutrand gegen Rand weißlich
- Lamellen weiß bis olivgrau
- Stiel bei Verletzung rosa

VORKOMMEN

- Sommer bis Spätherbst
- Mykorrhiza-Pilz
- Generalist
- Einzeln

SPITZSCHUPPIGER STACHEL-SCHIRMLING

Lepiota aspera
giftig, Sporenpulver weiß

Wie viele andere Schirmlinge ist auch diese Art mit Vorsicht zu genießen, vor allem für Liebhaber von Riesen- und Safranschirmlingen sowie Wald-Champignons.

VERWECHSLUNGSGEFAHREN

Der nicht verschiebbare Ring und die spitzigen Schuppen unterscheiden ihn gut von essbaren Riesenschirmlingen (z. B. Seite 248) und Safranschirmlingen (z. B. Seite 250). Eine Verwechslung mit Wald-Champignons kann ohne Berücksichtigung der rosa Lamellen passieren.

ERKENNUNGSMERKMALE

Hut nussbraun, mit spitzkegeligen, braunen, abwischbaren Schuppen. Lamellen weiß, frei und gedrängt. Stiel weiß bis bräunlich, mit weit herabhängendem Ring und leicht knolliger Basis.

VERGIFTUNG: GASTROINTESTINALES SYNDROM

Er ist Magen-Darm-giftig. Zudem können unterschiedliche, noch zum Teil unbekannte Giftstoffe schon nach kurzer Zeit in Verbindung mit Alkohol Probleme (Antabus-Reaktion) bewirken.

WICHTIGSTE MERKMALE

- Hut nussbraun
- Freie Lamellen
- Weißer bis bräunlicher Stiel mit Ring
- Stielbasis leicht knollig

VORKOMMEN

- Frühsommer bis Spätherbst
- Saprobiont
- Generalist, gerne auf nährstoffreichen Böden
- Einzeln

GIFTIG

KRONENBECHERLING

Sarcosphaera coronaria
roh hochgiftig, Sporenpulver weiß-transparent

Ein wunderschöner Pilz, der bereits im Frühjahr erscheint.

VERWECHSLUNGSGEFAHREN

Der essbare Aderige Morchelbecherling (Seite 244) ist innen braun statt violett, ist nicht kronenförmig aufgerissen und riecht nach Chlor. Ansonsten ähnelt der Kronenbecherling keinem anderen Speisepilz.

ERKENNUNGSMERKMALE

Fruchtkörper zuerst unterirdisch kugelig, dann aus dem Boden herausragend und sternförmig aufreißend. Innen violett, außen grauweißlich. Kein Stiel, jedoch sichtbarer Mycelansatz.

VERGIFTUNG: GASTROINTESTINALES SYNDROM

Der Pilz ist roh stark giftig und verursacht in schwerwiegenden Fällen Magen-Darm-Koliken. Auch wegen der hohen Arsen-Belastung ist er nicht als Speisepilz geeignet.

WICHTIGSTE MERKMALE

- Fruchtkörper sternenförmig aufreißend
- Fruchtkörper violett, grau-weißlich
- Fleisch brüchig

VORKOMMEN

- Frühjahr bis Spätsommer
- Saprobiont
- Generalist auf Kalkböden
- Einzeln

KAPITEL 6
HUNDERT LECKERE
SPEISEPILZE
IM PORTRAIT

Auf den folgenden Seiten machen wir eine Reise durch die Vielfalt der heimischen Speisepilze. Von den mehreren Hundert essbaren Pilz-Arten, die uns im deutschsprachigen Raum begegnen können, haben wir uns rund 100 Arten ausgesucht, die wir euch näher vorstellen möchten.

Die Auswahl reicht von einfachen Klassikern, wie den Steinpilzen, bis hin zu eher unbekannten Köstlichkeiten wie den Knoblauch-Schwindlingen mit ihren einzigartigen Aromen. Nicht nur geschmacklich wird es abwechslungsreich, auch die jeweiligen Fundorte führen uns durch unterschiedliche Gebiete und Jahreszeiten. Dieser Aspekt liegt uns besonders am Herzen, da die Pilzsuche medial meist nur im Herbst stattfindet – wir aber aktiv dazu beitragen möchten, dass dieses wunderbare Hobby das ganze Jahr hindurch ausgeübt werden kann. Auch Winter, Frühling und Frühsommer haben ihre pilzigen Highlights, die wir selbstverständlich portraitieren.

Trotz der ganzen Vorfreude raten wir gerade kompletten Neulingen, am Anfang vorsichtig zu bleiben. Die Euphorie überdeckt manchmal den kritischen Blick, der bei der Pilzsuche immer notwendig ist. Wir überprüfen lieber eine neue Art mehrfach, auch wir haben uns bei manchen Speisepilzen eine lange »Anlaufzeit« gegönnt, bevor wir sie wirklich verspeist haben! Zur Sicherheit findet ihr neben manchen Speisepilzen zusätzlich Portraits leicht giftiger Verwechslungspartner.

Im richtigen Wald
schlägt so manches
Pilz-Herz höher!

SOMMER-STEINPILZ

Boletus reticulatus
Speisepilz, Sporenpulver olivbraun

Die Sommer-Steinpilze gehören gemeinsam mit den Flockenstieligen Hexenröhrlingen (Seite 170) und den Kiefern-Steinpilzen in wärmeren Regionen zu den Frühsommerpilzen, die aber auch noch bis in den Herbst gesammelt werden können.

WICHTIGSTE MERKMALE

- Hut bräunlich
- Keine weiße Linie am Hutrand
- Weiße bis olivbraune Röhren
- Stiel mit weißem Netz

VORKOMMEN

- Frühsommer bis Spätherbst
- Mykorrhiza-Pilz
- Ausschließlich bei Laubbäumen
- Einzeln

VERWECHSLUNGSGEFAHREN

Verwechslungen mit anderen essbaren Röhrlingen sind harmlos, genau wie die mit dem ähnlichen, bitteren Gallenröhrling (Seite 168). Dieser unterscheidet sich durch die hellrosa Röhren, das olivbraune Stielnetz und den bitteren Geschmack.

ERKENNUNGSMERKMALE

Hut polsterfömig bis abgeflacht, oftmals aufgerissen, die Hutfarbe weist verschiedene Brauntöne auf. Röhren jung weißlich, dann werden sie gelblich bis olivgrün. Stiel jung bauchig, später zylindrisch und vollständig genetzt. Das Fleisch ist weiß und fest. Geruch nussig und Geschmack mild.

BESONDERHEITEN

Seit Jahrzehnten wird rund um den Globus versucht, diesen Pilz zu züchten – erfolglos!

FICHTENSTEINPILZ

Boletus edulis
Speisepilz, Sporenpulver olivbraun

Der »Herrenpilz« ist der Inbegriff eines fantastisch schmeckenden Speisepilzes, er wird von den Pilzsuchenden mit Herzblut gesammelt und war früher nur den feineren »Herrschaften« vorbehalten.

VERWECHSLUNGSGEFAHREN

Der unverträgliche bis mindergiftige Gallenröhrling (Seite 168) ist der Haupt-Verwechslungspartner. Durch seine hellrosa Röhren, das olivbraune Stielnetz und den bitteren Geschmack ist er gut abzugrenzen.

ERKENNUNGSMERKMALE

Trockener, bei Regen schwach schmieriger brauner Hut. Oftmals weiße Linie am Hutrand. Die Röhren sind ist jung weißlich, später olivgrünlich, bei Druck keine Farbveränderung. Der zentrale Stiel ist meist dickbauchig und mit einem weißen Netz versehen. Das Fleisch ist weiß.

BESONDERHEITEN

Entgegen der allgemeinen Meinung ist dieser Pilz nicht nur in Fichtenwäldern, sondern überraschend oft auch in Buchen-Mischwäldern, gerade im Spätherbst, zu finden.

WICHTIGSTE MERKMALE

- Hut rehbraun bis olivbraun
- Weiße Linie am Hutrand
- Weiße bis olivgrünliche Röhren
- Stiel mit weißem Netz

VORKOMMEN

- Sommer bis Spätherbst
- Mykorrhiza-Pilz
- Generalist bei Fichten und Laub-Mischwäldern
- Einzeln

BIRKENPILZ UND ROTKAPPEN

Leccinum scabrum
Speisepilz, Sporenpulver gelbbraun

Für Pilzanfänger ist der Birkenpilz ein Segen. Er gehört zur Gruppe der Raufußröhrlinge, die alle essbar und an ihrer rauen, dunklen Stielmusterung gut zu erkennen sind.

VERWECHSLUNGSGEFAHREN

Die essbaren Hainbuchen-Raufußröhrlinge sehen den Birkenpilzen zum Verwechseln ähnlich. Unerfahrene Sammler können den Birkenpilz aber leicht mit dem mindergiftigen Gallenröhrling (Seite 168) verwechseln, der bitter schmeckt und am Stiel keine Schüppchen, sondern ein Netz besitzt.

ERKENNUNGSMERKMALE

Hut in verschiedenen Brauntönen, halbkugelig, später abflachend. Röhren grauweiß. Stiel mit schwärzlichen Schuppen. Fleisch jung fest, alt schwammig, grau-weißlich, nicht schwärzend wie bei den Hainbuchenröhrlingen, Fraßstellen ocker.

WICHTIGSTE MERKMALE

- Hut in verschiedenen Brauntönen
- Hut halbkugelig
- Röhren grauweiß
- Stiel mit schwarzen Schuppen

VORKOMMEN

- Sommer bis Spätherbst
- Mykorrhiza-Pilz
- Nur bei Birken
- Einzeln

BESONDERHEITEN

Alle Raufußröhrlinge sollten mindestens 20 Minuten gekocht oder ausreichend gegart werden, da sie Xerocomsäure enthalten und roh giftig sind. Bei der Zubereitung färben sich einige Raufüße grau-schwarz, was ihren vorzüglichen Geschmack nicht beeinträchtigt und normal bei diesen Pilzen ist.

Verschiedene Raufüße im Vergleich

GALLENRÖHRLING

VERWECHSLUNGSGEFAHR

Tylopilus felleus
ungenießbar, Sporenpulver rosabraun

Der Gallenröhrling wird immer wieder mit Steinpilzen verwechselt. Einmal passiert es fast jedem!

VERWECHSLUNGSGEFAHREN

Verwechslungen mit den Steinpilzen (Seite 164, 165), dem Maronenröhrling (Seite 169) und den Birkenpilzen (z. B. Seite 166) kommen immer wieder vor. Seine rosafarbenen Röhren und der bittere Geschmack verraten ihn bestens. Zur Bestimmung ist es erlaubt, ein Stück des rohen Pilzfleisches abzulecken!

ERKENNUNGSMERKMALE

Hut halbkugelig bis ausgebreitet, gelbbraun bis rötlichbraun und im Jugendstadium samtig, später glatt. Die Röhren sind fleischrosa und verfärben sich bei Druck dunkel. Der Stiel ist zylindrisch mit dunkelolivbraunem Netz. Das Fleisch ist im Schnitt weiß und manchmal leicht dunkel anlaufend.

BESONDERHEITEN

Dieser Pilz schmeckt gallenbitter. Schon viele Gerichte wurden deswegen entsorgt.

WICHTIGSTE MERKMALE

- Hut braun
- Hut wildlederartig
- Röhren rosa
- Stiel mit olivbraunem Netz

VORKOMMEN

- Sommer bis Spätherbst
- Mykorrhiza-Pilz
- Eher im sauren Nadelwald
- Einzeln

MARONENRÖHRLING

Imleria badia
Speisepilz, Sporenpulver olivbraun

Der Maronenröhrling, einer der beliebtesten und häufigsten Röhrlinge überhaupt, ist in Fichtenwäldern zu finden.

WICHTIGSTE MERKMALE

- Hut kastanienbraun
- Hut halbkugelig bis ausgebreitet
- Röhren grüngelblich
- Glatter Stiel ohne Netz

VORKOMMEN

- Frühsommer bis Spätherbst
- Mykorrhiza-Pilz
- Gerne bei Fichten auf sauren, feuchten Böden
- Einzeln

VERWECHSLUNGSGEFAHREN

Verwechslungen mit dem Fichtensteinpilz (Seite 165) und dem ungenießbaren Gallenröhrling (Seite 168) sind nicht selten. Beachtet man beim Maronenröhrling jedoch das nicht vorhandene Stielnetz sowie die leichte Blaufärbung, kann man Verwechslungen vermeiden.

ERKENNUNGSMERKMALE

Hut kastanienbraun, halbkugelig bis flach werdend, feinsamtig. Die Röhren sind grünlichgelb, auf Druck blauend. Der gelbbraune Stiel hat kein Netz, ist samtig mit eingewachsener Maserung. Das Fleisch ist im Schnitt bald blauend.

BESONDERHEITEN

Maronenröhrlinge waren nach Tschernobyl gebietsweise stark mit Cäsium angereichert. Mittlerweile hat sich die Belastung in den meisten Regionen stark verringert. Der Genuss von Maronenröhrlingen ist gesundheitlich unbedenklich, sofern nicht Hunderte Kilo pro Person und Jahr verspeist werden.

ESSBAR

FLOCKENSTIELIGER HEXENRÖHRLING

Neoboletus erythropus
Speisepilz, Sporenpulver olivbraun

Dieser oftmals verkannte Röhrling ist den Steinpilzen in Geschmack und Qualität mindestens ebenbürtig. Roh ist er giftig!

VERWECHSLUNGSGEFAHREN

Der essbare Netzstielige Hexenröhrling (Seite 172) ist der klassische Verwechslungspartner. Dieser besitzt jedoch ein Stielnetz, und beim Querschnitt ist der Röhrenboden rot. Giftige Verwechslungspartner sind Schönfuß-Röhrling (Seite 153) und verschiedene Satans- (Seite 152) und Purpurröhrlinge.

ERKENNUNGSMERKMALE

Hut polsterfömig bis ausgebreitet, dunkelbraun und samtig. Die Röhren sind orange bis rot und verfärben sich bei Druck genauso wie der Stiel. Dieser ist jung bauchig, später gestreckt, mit feinen roten Flocken bedeckt. Keine Netzzeichnung am Stiel. Das Fleisch ist gelb und blaut bei Luftkontakt umgehend.

BESONDERHEITEN

Im Vergleich zu anderen Röhrlingen ist er nur wenig von Maden befallen und hat sehr festes Fleisch.

WICHTIGSTE MERKMALE

- Hut dunkelbraun
- Hut samtig matt
- Röhren orange bis rot
- Stiel mit Flocken

VORKOMMEN

- Frühsommer bis Spätherbst
- Mykorrhiza-Pilz
- Generalist, bevorzugt saure Böden
- Einzeln

RÖHRLINGE

ESSBAR

NETZSTIELIGER HEXENRÖHRLING

Suillellus luridus
bedingt essbarer Speisepilz,
Sporenpulver olivbraun

Der Netzstielige Hexenröhrling wird fälschlicherweise immer wieder in Verbindung mit Alkohol als giftig angegeben. Individuelle Unverträglichkeiten sind immer möglich. Auf jeden Fall ist er roh giftig und muss gut gegart werden!

VERWECHSLUNGSGEFAHREN

Der Satansröhrling (Seite 152) ist als giftiger Verwechslungspartner einzustufen. Dieser hat eine blutrote Röhrenschicht, blaut jedoch nur schwach und hat einen aasartigen Geruch.

ERKENNUNGSMERKMALE

Hut polsterförmig bis ausgebreitet, lederartig, bräunlich und oft mit oliver oder oranger Tönung. Der Stiel ist zylindrisch, dunkelgelb mit gut sichtbarem, dunklerem Netz. Das Fleisch verfärbt sich bei Luftkontakt wie beim Flockenstieligen Hexenröhrling (Seite 170) sofort intensiv blau.

BESONDERHEITEN

Sein Speisewert variiert im deutschsprachigen Raum zwischen »guter Speisepilz« und »potenziell unverträglich«. Wir empfehlen generell kleine Mengen für die Erstverkostung.

WICHTIGSTE MERKMALE

- Hut olivbraun
- Hut fensterlederartig
- Röhren orangerot
- Stiel mit Netz
- Röhrenboden rot

VORKOMMEN

- Frühsommer bis Spätherbst
- Mykorrhiza-Pilz
- Auf Kalkböden, in Laubwäldern und Parks
- Einzeln

RÖHRLINGE

(GEMEINER) ROTFUSSRÖHRLING

Xerocomellus chrysenteron
Speisepilz, Sporenpulver olivbraun

Der Rotfußröhrling wird trotz seines tollen Geschmacks oft von Pilzsammelnden ignoriert. Er eignet sich sowohl für Frischgerichte wie auch zum Trocknen.

WICHTIGSTE MERKMALE

- Hut nuss-/olivbraun
- Hut oft aufgerissen
- Röhren blassgelb
- Stiel oben gelb, darunter karminrot

VORKOMMEN

- Frühsommer bis Spätherbst
- Mykorrhiza-Pilz
- Generalist
- Einzeln

VERWECHSLUNGSGEFAHREN

Er kann mit anderen essbaren Rotfußröhrlingen, der Ziegenlippe (Seite 174), diversen anderen Filzröhrlingen sowie mit dem giftigen Schönfuß-Röhrling (Seite 153) verwechselt werden. Letzterer hat jedoch ein Stielnetz und meist deutlich größere Fruchtkörper.

ERKENNUNGSMERKMALE

Hut nuss- bis olivbraun, gewölbt bis ausgebreitet, samtig, meist aufgerissen. Fraßstellen rötlich. Die Röhren sind blassgelb, alt mit Olivton, auf Druck schwach blauend. Stiel oben gelb, darunter karminrot. Fleisch hellgelb und leicht blauend, an der Stielbasis oft weinrot.

BESONDERHEITEN

Er wird leider schnell von Goldschimmel und Maden befallen und muss genau kontrolliert werden.

ZIEGENLIPPE

Xerocomus subtomentosus
Speisepilz, Sporenpulver olivbraun

Die Ziegenlippe gehört zur Gruppe der Filzröhrlinge, die alle essbar sind, allerdings geschmacklich nicht ganz mit ihren Röhrlingsverwandten mithalten können.

VERWECHSLUNGSGEFAHREN

Verwechslungen mit dem essbaren Rotfußröhrling (Seite 173) und dem Gallenröhrling (Seite 168) kommen vor. Beachtet man jedoch die gelben Poren der Ziegenlippe, dann kann man sie vermeiden.

ERKENNUNGSMERKMALE

Der Hut ist feinfilzig, meist olivbraun, halbkugelig, alt gewölbt. Die Röhren sind goldgelb. Der Stiel ist relativ lang, gelb-ocker, die Spitze rostbraun.

WICHTIGSTE MERKMALE

- Hut olivbraun
- Hut feinfilzig
- Röhrenmündungen goldgelb
- Stiel gelb-ocker

VORKOMMEN

- Sommer bis Herbst
- Mykorrhiza-Pilz
- Laubwald
- Einzeln

Das Fleisch weißgelblich, im Schnitt kaum blauend.

BESONDERHEITEN

Ziegenlippen bevorzugen wärmebegünstigte Standorte in Buchen- und Eichenwäldern.

PFEFFERRÖHRLING

Chalciporus piperatus
Speisepilz/Würzpilz, Sporenpulver gelbbraun

Der Pfefferröhrling ist ein toller Gewürzpilz. Entgegen der diesbezüglichen Literatur nimmt seine Schärfe beim Kochen nur wenig ab, beim Trocknen hingegen schon.

VERWECHSLUNGSGEFAHREN

Aufgrund seines sehr kleinen Fruchtkörpers ist er kaum zu verwechseln. Eine Geschmacksprobe und ein Schnitt durch den Stiel verraten ihn zudem sofort.

ERKENNUNGSMERKMALE

Kleinwüchsigkeit. Hut fuchsig bis rotbraun und uneben filzig. Bei Feuchtigkeit schmierig. Die rotbraune Röhrenschicht hat große Poren. Der Stiel ist oben rötlich, an der Stielbasis gelbfuchsig gefärbt. Das Fleisch im Schnitt gelblich, im Hut aber weinrot. Geschmack pfeffrig scharf.

BESONDERHEITEN

Er ist einer der wenigen Röhrlinge, die als Steinpilzanzeiger gelten, da sie das Myzel vom Fliegenpilz, einem weiteren Anzeiger, parasitieren.

WICHTIGSTE MERKMALE

- Hut fuchsig bis rotbraun
- Hut filzig
- Poren groß, rotbraun
- Stiel auch im Schnitt gelblich

VORKOMMEN

- Frühsommer bis Spätherbst
- Mykorrhiza-Pilz
- Generalist auf sauren Böden
- Einzeln

ESSBAR

RÖHRLINGE

BUTTERPILZ

Suillus luteus
bedingt essbarer Speisepilz,
Sporenpulver olivbraun

Der Butterpilz zählt aufgrund seines intensiven Geschmacks in vielen (osteuropäischen) Regionen zu den beliebtesten Speisepilzen überhaupt.

VERWECHSLUNGSGEFAHREN

Eine Verwechslung mit Giftpilzen ist praktisch ausgeschlossen, innerhalb der Schmierröhrlinge jedoch möglich, aber unbedenklich.

ERKENNUNGSMERKMALE

Hut schokoladenbraun, glänzend schimmernd, erst halbkugelig, dann flach, Huthaut sehr schleimig. Die Röhren sind cremefarbig und sehr eng. Der weiße Stiel mit bräunlichen Pünktchen ist mit einem weißlichen Ring versehen. Das Fleisch ist hellgelb.

BESONDERHEITEN

Trotz seiner Beliebtheit und seiner Einstufung als Speisepilz ist er nicht für alle Menschen gleich verträglich. Daher Huthaut immer abziehen und mit kleinen Portionen die Verträglichkeit zuerst überprüfen.

WICHTIGSTE MERKMALE

- Hut schokoladenbraun
- Hut bei Regen schleimig
- Poren cremefarbig
- Stiel mit weißem Ring und Drüsenpunkten

VORKOMMEN

- Sommer bis Spätherbst
- Mykorrhiza-Pilz
- Hauptsächlich bei Kiefern
- Einzeln

GOLD-RÖHRLING

Suillus grevillei
Speisepilz, Sporenpulver gelblichbraun

Der Gold-Röhrling ist der Inbegriff eines Mykorrhiza-Pilzes, da diese schöne Art nur bei Lärchen wächst.

VERWECHSLUNGSGEFAHREN

Eine Verwechslung mit dem Dottergelben Klumpfuß (Seite 114) und geschlossenen Rauköpfen (Seite 110, 112) kann tödlich enden. Diese gehören jedoch zu den Schleierlingen und besitzen keine Röhren, sondern Lamellen. Ein Querschnitt reicht zur sicheren Überprüfung junger Exemplare aus.

ERKENNUNGSMERKMALE

Hut fuchsig-gelb, halbkugelig, alt flach werdend, bei Feuchtigkeit stark schleimig, Huthaut bei Trockenheit klebrig. Röhren goldgelb, im Alter braungelb, auf Druck leicht bräunend. Stiel oberhalb des Stielringes goldgelb, unterhalb braunorange. Fleisch jung fest, alt schwammig, kräftig gelb. Geruch angenehm neutral, Geschmack säuerlich.

BESONDERHEITEN

Die schleimige Huthaut sollte vor dem Zubereiten abgezogen werden, da sie manchmal unverträglich ist.

WICHTIGSTE MERKMALE

- Hut fuchsig-gelb
- Hut bei Regen schleimig
- Röhren goldgelb
- Stiel auch im Schnitt gelblich

VORKOMMEN

- Sommer bis Herbst
- Mykorrhiza-Pilz
- Nur bei Lärchen
- Einzeln

KUHMAUL

(GROSSER SCHMIERLING)

Gomphidius glutinosus
Speisepilz, Sporenpulver schwarz

Dieser regional häufige Speisepilz überzeugt Pilzkennende mit einem hervorragenden Geschmack. Obwohl er Lamellen aufweist, gehört er systemisch zur Ordnung der Röhrlinge.

WICHTIGSTE MERKMALE

- Hut blau, violett, braun
- Hut schleimig
- Lamellen hellgrau bis dunkelbraun
- Stiel mit schwarzer Ringzone
- Fleisch im Schnitt gelb

VORKOMMEN

- Sommer bis Spätherbst
- Mykorrhiza-Pilz
- Meist unter Kiefern
- Einzeln

VERWECHSLUNGSGEFAHREN

Wie bei den Goldröhrlingen ähneln junge Fruchtkörper durchaus gefährlichen Haarschleierlingen (Seite 76, 77, 146).

ERKENNUNGSMERKMALE

Hut bläulich, violett bis braun, sehr schleimig. Lamellen jung hellgrau, später dunkelbraun. Stiel weißlich mit schwarzer Ringzone und gelber Basis, ebenfalls schleimig. Velum im Jungzustand. Fleisch weiß, im Schnitt in der Basis ebenfalls gelb.

BESONDERHEITEN

Nicht wundern: Bei der Zubereitung verfärbt sich der Pilz rosa.

KUPFERROTER GELBFUSS

ESSBAR

Chroogomphus rutilus
Speisepilz, Sporenpulver schwärzlich

Der Kupferrote Gelbfuß kann in großen Mengen wachsen. Es lohnt sich, diesen guten Speisepilz kennenzulernen. Auch er gehört trotz Lamellen systematisch zur Ordnung der Röhrlinge.

VERWECHSLUNGSGEFAHREN

Generell kein Anfängerpilz.
Eine Verwechslung mit dem Spitzgebuckelten Raukopf (Seite 112) oder ähnlichen Schleierlingen kann tödlich enden. Verwechslungen sind auch mit dem essbaren Filzigen Gelbfuß möglich.

ERKENNUNGSMERKMALE

Hut kupferrötlich, flach bis niedergedrückt, mit kleinem Buckel, jung mit Schleier. Lamellen jung orangerot, alt rotbraun, entfernt stehend. Stiel gelborange, zur Basis verjüngt. Fleisch orangebräunlich, Basis im Schnitt dunkelgelb.

WICHTIGSTE MERKMALE

- Hut orangebräunlich, kupfer
- Hut bei Feuchtigkeit schleimig
- Lamellen rotbraun
- Stiel mit schwarzer Ringzone
- Fleisch orangebräunlich, Basis im Schnitt gelb

VORKOMMEN

- Sommer bis Spätherbst
- Mykorrhiza-Pilz
- Meist unter Fichten
- Einzeln

BESONDERHEITEN

Noch eine bunte Bereicherung für die Küche: Er verfärbt sich beim Kochen violett-rot, was unbedenklich ist.

RÖHRLINGE

SAMTFUSS-HOLZ-KREMPLING

Tapinella atrotomentosa
minderwertiger Speisepilz,
Sporenpulver olivbraun

Der Samtfuß-Holz-Krempling wurde vor und nach dem Zweiten Weltkrieg von vielen Menschen wegen seiner Häufigkeit und dem großen sowie ergiebigen Fruchtkörper als Notnahrung verwendet.

VERWECHSLUNGSGEFAHREN

Eine Verwechslung mit dem tödlich giftigen Kahlen Krempling (Seite 134) kann fatal enden. Dieser besitzt jedoch keinen samtigen Stiel und wächst nicht wie der Samtfuß-Holz-Krempling auf Totholz.

ERKENNUNGSMERKMALE

Hut braun, muschelförmig, feinfilzig, kann sehr groß werden. Der Rand ist eingerollt. Lamellen hellgelb, bei Berührung bräunend. Stiel samtig braun bis zur Stielbasis. Fleisch weißlich im Hut, cremegelb im Stiel, bisweilen schwach violett verfärbend. Geruch säuerlich, Geschmack im Alter bitter und muffig.

BESONDERHEITEN

Trotz seines geringen Geschmacks ist sein junger Fruchtkörper wieder als »Wurstsalatpilz« in Mode gekommen. Auch er zählt zur erweiterten Ordnung der Röhrlinge.

WICHTIGSTE MERKMALE

- Hut braun
- Hut muschelförmig
- Lamellen hellgelb
- Stiel samtig
- Fleisch weißlich im Hut, cremegelb im Stiel, evtl. schwach violett verfärbend

VORKOMMEN

- Sommer bis Spätherbst
- Saprobiont
- Auf morschen Strünken von Fichten
- Einzeln bis gesellig

Der Verwechslungspartner: Kahler Krempling

ESSBAR

RÖHRLINGE

GIFTIG

KREMPLINGE

ESSBAR

ECHTER PFIFFERLING

Cantharellus cibarius
Speisepilz, Sporenpulver hellgelb

Das gelbe Gold der Wälder lässt so manches Pilz-Herz höher schlagen. Der Echte Pfifferling zählt dank diverser Mineralstoffe und Vitamine auch zu den Vitalpilzen.

WICHTIGSTE MERKMALE

- Hut dottergelb
- Hut trichterförmig
- Leisten gegabelt und oft verbunden
- Stielbasis verjüngt

VORKOMMEN

- Frühsommer bis Spätherbst
- Mykorrhiza-Pilz
- Generalist
- Einzeln bis zur Ansammlung von Gruppen

VERWECHSLUNGSGEFAHREN

Eine Verwechslung mit anderen essbaren Pifferlingen ist kein Problem. Auch mit dem Falschen Pfifferling (Seite 185) wird der Echte Pfifferling immer wieder verwechselt. Der Falsche Pfifferling weist jedoch eine durchgehende Orangefärbung auf und hat Lamellen. Der hochgiftige Dunkle Ölbaumtrichterling (Seite 138) zählt ebenfalls zu den potenziellen Verwechslungspartnern, kommt aber immer auf Holz vor. Auch ganz junge, tödlich giftige Spitzgebuckelte Rauköpfe (Seite 112) sehen ähnlich aus und können zwischen Echten Pfifferlingen zu finden sein.

ERKENNUNGSMERKMALE

Hut dottergelb, trichterförmig, mit eingerolltem Rand. Aderige Leisten oft gegabelt und miteinander verbunden, weit am Stiel herablaufend. Stiel gelb, voll, zäh und gegen die Basis verjüngt. Fleisch fest, weiß bis blassgelb. Geruch aromatisch, Geschmack pfefferig.

BESONDERHEITEN

Im Handel erhältliche Pfifferlinge stammen oft aus Osteuropa und werden teilweise mehrere Wochen bis zum Verkauf gelagert. Dann können in den Pilzfruchtkörpern schon Zerfallsprozesse eingesetzt haben, die Reaktionen wie bei einer Fleischvergiftung hervorrufen können.

LEISTLINGE

Rauköpfe (links), Pfifferlinge (rechts)

ESSBAR LEISTLINGE

GIFTIG HAARSCHLEIERLINGE

AMETHYSTSCHUPPIGER PFIFFERLING

Cantharellus amethysteus
Speisepilz, Sporenpulver gelblich

Diese seltene Pfifferlings-Art zählt mit ihrer teilweise intensiven violetten Färbung zu den schönsten der gesamten Gattung.

WICHTIGSTE MERKMALE

- Hut gelb mit violetten Schüppchen
- Hut eingedrückt
- Leisten gegabelt
- Stielbasis verjüngt

VORKOMMEN

- Frühsommer bis Spätherbst
- Mykorrhiza-Pilz
- Häufiger im Fichtenwald
- Einzeln

VERWECHSLUNGSGEFAHREN

Die Verwechslungspartner sind identisch mit dem Echten Pfifferling. Im mediterranen Raum ist eine Verwechslung mit dem giftigen Dunklen Ölbaumtrichterling (Seite 138) nicht auszuschließen, der allerdings auf Holz vorkommt.

ERKENNUNGSMERKMALE

Hut gelb mit violetten Schüppchen, der Hutrand ist wellig, Leisten herablaufend, mehrfach gegabelt. Stiel gelb, mit Rostflecken und gegen die Basis verjüngt. Fleisch gelblich.

BESONDERHEITEN

Gilt wie seine Verwandten aufgrund seiner gesundheitsförderlichen Inhaltsstoffe als Vitalpilz.

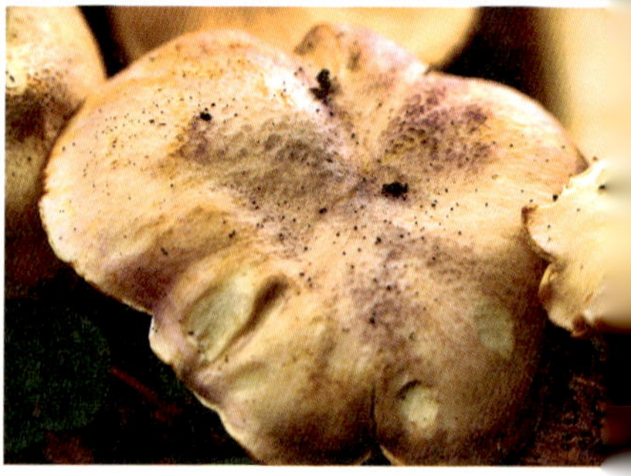

FALSCHER PFIFFERLING

VERWECHSLUNGSGEFAHR

Hygrophoropsis aurantiaca
leicht giftig, Sporenpulver hellgelb

Er ist der Haupt-Verwechslungspartner verschiedener Pfifferlinge im Nadelwald und führt bei größeren Verzehrmengen zu Magen-Darm-Beschwerden.

WICHTIGSTE MERKMALE

- Hut blassgelb bis leuchtend orange
- Hutrand eingerollt
- Lamellen gegabelt
- Stielbasis verjüngt

VORKOMMEN

- Sommer bis Anfang Winter
- Saprobiont
- Nadelwald, selten Laubwald
- Gerne bei/an Baumstümpfen und Holzresten von Fichten
- Einzeln

VERWECHSLUNGSGEFAHREN

Neben der orangen Färbung und dem eher schmächtigeren Fruchtkörper besitzt der Falsche Pfifferling keine Leisten, sondern Lamellen, die nicht mit dem Hut verwachsen, sondern leicht verschiebbar sind.

ERKENNUNGSMERKMALE

Hut blassgelb bis leuchtend orange, Rand lange eingerollt. Lamellen orangegelb, herablaufend, mehrfach gegabelt. Stiel orangegelb, zur Basis verjüngt. Fleisch zäh, weißlich bis orangegelb. Oftmals auf verrottetem Holz bzw. an Holzstrünken zu finden. Geschmack leicht bitterlich.

BESONDERHEITEN

Genetisch gehört er trotz seiner Lamellen in die Ordnung der Röhrlinge.

LEICHT GIFTIG

LEISTLINGE

ESSBAR

TROMPETEN-PFIFFERLING

Craterellus tubaeformis
Speisepilz, Sporenpulver weiß

Der Trompeten-Pfifferling wird wegen seines hohlen Stiels auch »durchbohrter Leistling« genannt. Sein Geschmack entfaltet sich beim Trocknen um das Mehrfache.

VERWECHSLUNGSGEFAHREN

Eine Verwechslung mit dem giftigen Gelbgrünen Gallertkäppchen ist möglich. Die Ähnlichkeit mit den giftigen Rauköpfen und Hautköpfen (z. B. Seite 110, 112) ist unbedingt zu berücksichtigen. Alle kommen an den gleichen Standorten vor. Der essbare Starkriechende Pfifferling (Seite 187) wird beim Sammeln auch oft mit dem Trompeten-Pfifferling verwechselt.

ERKENNUNGSMERKMALE

Hut gelbbraun, durchbohrt, mit radial-welligem Rand. Leisten grau-gelb, herablaufend, queradrig verbunden. Stiel gelbbraun, hohl und gegen die Basis gelblich. Fleisch gelblich. Geruch fruchtig, Geschmack mild.

BESONDERHEITEN

Frische Funde sind von Juli bis in den Dezember hinein möglich!

WICHTIGSTE MERKMALE

- Hut gelbbraun
- Hut durchbohrt
- Leisten herablaufend
- Stielbasis gelblich
- Stiel hohl

VORKOMMEN

- Sommer bis Spätherbst
- Mykorrhiza-Pilz
- Vor allem bei Tannen und Fichten
- Oft in Gruppen

LEISTLINGE

STARKRIECHENDER (TROMPETEN-)PFIFFERLING

Craterellus lutescens
Speisepilz, Sporenpulver cremegelb

Diese intensiv duftende und wohlschmeckende Pfifferlingsart wird selten gesammelt und oft nicht als Pfifferlingsverwandter erkannt.

WICHTIGSTE MERKMALE

- Hut gelb-bräunlich bis gelborange
- Hut fransig
- Leisten kaum sichtbar
- Stiel hohl, orangegelb

VORKOMMEN

- Sommer bis Spätherbst
- Mykorrhiza-Pilz
- In höheren Nadel-Mischwäldern
- In Gruppen bis büschelig

VERWECHSLUNGSGEFAHREN

Der Starkriechende Pfifferling ist wegen seines starken Aromas kaum mit Giftpilzen zu verwechseln. Unter den verschiedenen Arten der essbaren Pfifferlinge sind Verwechslungen denkbar, aber unbedenklich.

ERKENNUNGSMERKMALE

Hutoberseite gelb-bräunlich bis gelborange, mit schwärzlichen Stellen, Unterseite rosagelb, durchbohrt, Rand wellig verbogen bis gekraust. Leisten goldgelb, am Hut sichtbar, am Stiel weit herablaufend, aber kaum sichtbar. Stiel orangegelb, hohl und gegen die Basis gelblich. Fleisch gelblich.

BESONDERHEITEN

Ein voller Korb dieses Pilzes entfaltet sich in geschlossenen Räumen zu einem wahren Geruchserlebnis.

HERBSTTROMPETE
(TOTENTROMPETE)

Craterellus cornucopioides
Speisepilz/Würzpilz, Sporenpulver weiß

Tipp: Bei Spaziergängen im Herbst unbedingt in Buchenwäldern nach diesem tollen Pilz Ausschau halten!

VERWECHSLUNGSGEFAHREN

Aufgrund seiner spezifischen Form, der fehlenden Leisten und der grauschwarzen Färbung ist er praktisch unverwechselbar. Einziger Doppelgänger ist die sehr seltene, essbare Graue Kraterelle, ebenfalls ein Leistling.

ERKENNUNGSMERKMALE

Hut-Innenseite schwarz, außen grau, trichterförmig, Rand trompetenförmig verbogen. Kaum sichtbare Leistenstruktur. Stiel aschgrau, hohl und runzelig. Fleisch rußbraun. Intensives Aroma wie alle Pfifferlinge.

BESONDERHEITEN

Er fällt beim Trocknen wegen der Dünnfleischigkeit enorm zusammen. Getrocknet ist er einer der besten Pilze (für Bratensauce) überhaupt.

WICHTIGSTE MERKMALE

- Hut schwärzlich
- Hut trichterförmig
- Leisten kaum sichtbar
- Stiel hohl, runzelig

VORKOMMEN

- Herbst bis Spätherbst
- Mykorrhiza-Pilz
- Laubwald (meist Buche), kalkliebend
- Einzeln und in Gruppen

SCHWEINSOHR

Gomphus clavatus
Speisepilz, Sporenpulver ockerfarbig

Diese Rarität im Pilzreich ist mittlerweile stark bedroht und sollte nicht mehr für den Verzehr gesammelt werden!

VERWECHSLUNGSGEFAHREN

Eine Verwechslung mit anderen Arten ist praktisch auszuschließen. Wegen der Leisten ähneln Schweinsohren Pfifferlingen, denen sie früher fälschlich zugeordnet wurden. Daher rührt ihr alter Zweitname »Purpurleistling«.

ERKENNUNGSMERKMALE

Jung lila, alt beige-braun, keulen- oder kreiselförmig mit abgestutzter Spitze, alt trichterförmig vertieft, mit glatter bis wellig-runzeliger Oberfläche. Außenseite heller, mit Leisten überzogen und kurzem Stiel. Fleisch weiß.

BESONDERHEITEN

In Europa besteht die Gattung *Gomphus* aus einer einzigen Art – dem Schweinsohr. Trotz seiner Ähnlichkeit ist er systematisch nicht näher mit den Pfifferlingen verwandt.

WICHTIGSTE MERKMALE

- Fruchtkörper oben violett
- Leisten glatt oder schwach ausgeprägt
- Stiel kurz

VORKOMMEN

- Sommer bis Spätherbst
- Mykorrhiza-Pilz
- Kalkliebend, oft in Bergnadelwäldern
- Gerne in Hexenringen

SEMMELSTOPPELPILZE

SEMMELSTOPPELPILZ

Hydnum repandum

ROTGELBER SEMMELSTOPPELPILZ

Hydnum rufescens

Speisepilze, Sporenpulver weiß

Die Semmelstoppelpilze sind sehr empfehlenswert für Anfänger, da sie praktisch unverwechselbar sind und sehr häufig vorkommen. Das Wort »Stoppelpilz« weist darauf hin, dass sie zur Gruppe der Stachelpilze gehören.

VERWECHSLUNGSGEFAHREN

Eine Verwechslung mit Giftpilzen ist praktisch ausgeschlossen. Semmelstoppelpilze wachsen gerne in großen Ringen oder Gruppen. Semmel- und Schafporling sind mögliche, aber essbare Verwechslungspartner. Sie haben keine Stacheln, sondern Poren.

ERKENNUNGSMERKMALE

Hut dickfleischig, polsterförmig gewölbt, alt auch niedergedrückt, aprikosenfarbig bis semmelfarbig bzw. rötlichbraun. Die Stoppeln sind kegelig, weiß bis orangerot, am Stiel etwas herablaufend, jung festhaftend, alt bei Berührung sofort abfallend. Stiel zentral bis exzentrisch, kurz und dickfleischig, auf Druck gilbend. Fleisch fest, weißlich, im Alter gilbend und bitter. Geruch neutral, Geschmack erst mild, im Alter jedoch bitter und schärflich.

WICHTIGSTE MERKMALE

- Semmelfarbiger oder rötlicher Hut
- Hut gewölbt
- Ablösbare Stoppeln
- Kräftiger, kurzer Stiel

VORKOMMEN

- Frühsommer bis Spätherbst
- Mykorrhiza-Pilz
- Generalist
- Keine besonderen Bodenansprüche
- Einzeln

BESONDERHEITEN

Die Meinungen über den Speisewert gehen stark auseinander. Die Semmelstoppelpilze eignen sich hervorragend zum Braten. Als Beilage zu einem Fleischgericht oder gebraten auf einem knackigen Salat sind sie empfehlenswert. Für Saucen oder Einfrieren sind sie nicht geeignet, weil sie sehr fest sind, noch dazu können sich beim Kochen die Stacheln lösen, dann sieht das Gericht aus wie voller Maden. Also je nach Bedarf vorher die Stacheln entfernen.

Semmelstoppelpilz

Rotgelber Semmelstoppelpilz

ESSBAR

STACHELPILZE

HABICHTSPILZ

Sarcodon imbricatus
Speisepilz, Sporenpulver dunkelbraun

Er wird auch »Rehpilz« genannt, kann eine imposante Größe erreichen und zählt zu den besten Gewürzpilzen.

VERWECHSLUNGSGEFAHREN

Eine Verwechslung ist höchstens mit widerlich stinkenden bis bitteren Stachelingen möglich. Diese können von erfahrenen Pilz-Sammelnden mit einer kleine Kostprobe (die immer ausgespuckt werden muss!) sicher ausgeschlossen werden!

ERKENNUNGSMERKMALE

Hut weiß-bräunlich, gewölbt bis flach genabelt, mit aufgerichteten Schuppen. Die weichen Stacheln sind aschgrau. Stiel kurz, graubraun, Basis verdickt. Fleisch jung weiß, dann graubraun. Geruch würzig, vor allem getrocknet. Geschmack mild, älter bitter.

BESONDERHEITEN

Er ist gut zum Trocknen geeignet und ergibt ein hervorragendes Pilzpulver. Nur junge Exemplare verwenden, da sie im Alter mit zunehmender Größe bitter werden können!

WICHTIGSTE MERKMALE

- Hut weiß-bräunlich
- Hut mit Schuppen
- Stacheln aschgrau
- Stielbasis verdickt

VORKOMMEN

- Sommer bis Spätherbst
- Mykorrhiza-Pilz
- Gerne Fichtenwälder, kalkliebend
- Einzeln

FRAUEN-TÄUBLING

Russula cyanoxantha
Speisepilz, Sporenpulver weiß

Einer der geschmacklich besten Täublinge überhaupt, der in manchen Jahren in Massen auftritt. Er gilt aufgrund seiner verschiedenartigen Hutfärbung als Chamäleon unter den Täublingen.

VERWECHSLUNGSGEFAHREN

Das wichtigste Erkennungsmerkmal sind seine nicht brüchigen Lamellen, die ihn von anderen Täublingen leicht unterscheidbar machen. Achtung: Verwechslung möglich von grünhütigen Frauen-Täublingen mit dem tödlich giftigen Grünen Knollenblätterpilz (Seite 100). Dieser hat jedoch eine knollige Basis mit lappiger Scheide und einen Ring am Stiel.

ERKENNUNGSMERKMALE

Hut rosaviolett bis dunkelgrün, mit diversen Farbnuancen, jung halbkugelig, dann ausgebreitet, Rand eingebogen. Lamellen weiß, biegsam und nicht splitternd! Stiel weiß. Fleisch weiß und mild im Geschmack.

BESONDERHEITEN

Die Huthaut lässt sich beim Frauen-Täubling zu einem Drittel strukturlos abziehen, während dies beim Grünen Knollenblätterpilz nur tortenstückartig möglich ist.

WICHTIGSTE MERKMALE

- Nicht splitternde Lamellen!
- Hut mit verschiedenen Mischfarben
- Lamellen weiß
- Stiel weiß

VORKOMMEN

- Sommer bis Spätherbst
- Mykorrhiza-Pilz
- Generalist, im Laub- und Nadelwald
- Einzeln

Der Frauen-Täubling in seiner ganzen Farbenpra

GRÜNGEFELDERTER TÄUBLING

Russula virescens
Speisepilz, Sporenpulver weißlich

Er gehört ebenso zu den geschmacklich besten Täublingen. Er überzeugt mit seinem ergiebigen Fruchtkörper und ist durch seine raue Hutoberfläche leicht bestimmbar.

VERWECHSLUNGSGEFAHREN

Sein giftigster Doppelgänger ist der tödlich giftige Grüne Knollenblätterpilz (Seite 100). Dieser hat jedoch keine splitternden Lamellen, eine knollige Basis mit lappiger Scheide und eine Manschette am Stiel. Ansonsten ähnelt dieser Pilz nur anderen grünen Täublingen, die mit Ausnahme des Grasgrünen Täublings, der bei Birken vorkommt und potenziell unverträglich ist, gute Speisepilze sind.

ERKENNUNGSMERKMALE

Hut jung oft weißlich, dann blau- bis spangrün, jung halbkugelig, dann flach mit vertiefter Mitte, atypisch-feldrig-rissig. Lamellen jung weißlich, dann cremefarben, gedrängt. Stiel weiß und sehr hart.

BESONDERHEITEN

Wie viele Täublinge wächst er gerne entlang von Forstwegen an verdichteten Stellen.

WICHTIGSTE MERKMALE

- Splitternde Lamellen!
- Hut feldrig-rissig
- Lamellen eng stehend
- Stiel weiß und hart

VORKOMMEN

- Frühsommer bis Herbst
- Mykorrhiza-Pilz
- Laub- und Nadelwälder
- Einzeln

(FLEISCHROTER) SPEISE-TÄUBLING

Russula vesca
Speisepilz, Sporenpulver weiß

Er gehört mit den beiden vorherigen Arten zu den wohlschmeckendsten und häufigsten Täublings-Arten überhaupt und ist sowohl in Laub- und Nadelwäldern zu finden.

VERWECHSLUNGSGEFAHREN

Er ist an seiner etwas verkürzten Huthaut (oberes Bild links) gut von seinen klassischen Doppelgängern, den verschiedenen rot-hütigen Spei-Täublingen zu unterscheiden.

ERKENNUNGSMERKMALE

Hut fleischrot, teils ockerfleckig, jung gewölbt, bald flach. Huthaut circa 1 bis 2 mm vor der Außenkante endend Lamellen spröde, weiß, schnell rostfleckig und gedrängt. Stiel weiß, ziemlich kurz, Basis zuspitzend. Fleisch weiß, relativ fest.

BESONDERHEITEN

Diese wohlschmeckende Art ist in nahezu ganz Europa verbreitet.

WICHTIGSTE MERKMALE

- Fleischroter Hut
- Hut mit zurückgezogener Huthaut
- Lamellen weiß, gedrängt
- Stiel kurz und zugespitzt

VORKOMMEN

- Frühling bis Herbst
- Mykorrhiza-Pilz
- Generalist, eher saure Böden
- Einzeln

KIRSCHROTER SPEI-TÄUBLING

VERWECHSLUNGSGEFAHR

Russula emetica
giftig, Sporenpulver weiß

Vorsicht vor Täublingen mit glänzender, roter Huthaut, rein weißem Stiel und rein weißen Lamellen!

VERWECHSLUNGSGEFAHREN

Es gibt diverse Spei-Täublinge, die allesamt sehr scharf sind. Die Verwechslung mit dem Speise-Täubling (Seite 196) kommt nicht selten vor. Die Huthaut des Speisetäublings erreicht allerdings den Rand nicht (siehe oberes Bild Seite 196).

ERKENNUNGSMERKMALE

Hut glänzend blut- oder kirschrot, Huthaut feucht schmierig. Lamellen reinweiß und so bleibend. Stiel reinweiß, manchmal etwas glasig wirkend. Fleisch weiß, unter der Huthaut rötlich. Geschmack brennend scharf!

BESONDERHEITEN

Spei-Täublinge sind nicht nur scharf, sondern reizen den Magen effektiv bis zum Erbrechen.

WICHTIGSTE MERKMALE

- Brennend scharfer Geschmack
- Hut blut- oder kirschrot
- Lamellen weiß
- Stiel weiß

VORKOMMEN

- Frühsommer bis Spätherbst
- Mykorrhiza-Pilz
- Gerne in Nadel-Mischwäldern
- Einzeln

WIESEL-TÄUBLING

Russula mustelina
Speisepilz, Sporenpulver cremefarben

Einer unserer absoluten Favoriten aus der Täublings-Familie, oftmals verkannt, aber ergiebig und ausgezeichnet im Geschmack.

VERWECHSLUNGSGEFAHREN

Wegen der verschiedenen Brauntöne seines Hutes ist eine Verwechslung mit den ebenfalls braunen Stink-Täublingen (z. B. Seite 199) möglich.

ERKENNUNGSMERKMALE

Hut ocker bis dunkelbraun, jung halbkugelig, alt flach und gerieft, junge Fruchtkörper feucht schmierig. Lamellen spröde, jung weißlich, später cremefarbig, eng stehend, ausgebuchtet angewachsen. Stiel weißlich bis gelbbraun, bei Verletzung braunfleckig. Fleisch weiß, besonders hart und fest.

WICHTIGSTE MERKMALE

- Festfleischiger Pilz
- Hut ocker bis dunkelbraun
- Lamellen ausgebuchtet angewachsen
- Stiel bei Verletzung mit bräunlichen Flecken

VORKOMMEN

- Frühsommer bis Spätherbst
- Mykorrhiza-Pilz
- In Bergnadelwäldern, stets unter Fichten
- Einzeln

BESONDERHEITEN

Schon manche Sammler haben diesen ausgezeichneten Speisepilz, von oben betrachtet, als Steinpilz gedeutet und beim Blick auf die Lamellen weggeworfen.

Zum Verwechseln ähnlich: Fichtensteinpilz (links), Wiesel-Täubling (rechts)

STINK-TÄUBLING

VERWECHSLUNGSGEFAHR

Russula foetens
kein Speisepilz, Sporenpulver cremefarben

Die Gruppe der Stink-Täublinge umfasst eine Handvoll ungenießbarer Arten, die schleimige Hüte aufweisen und widerlich stinken können, wobei auch eine nach Marzipan duftende Art zu den Stink-Täublingen zählt.

VERWECHSLUNGSGEFAHREN

Der sehr schmackhafte Wiesel-Täubling ist sein/ihr typischer Verwechslungspartner. Dieser hat jedoch einen angenehmen Geruch und keine schleimige Hutoberfläche. Beide können bei erster Betrachtung von oben als Steinpilze gedeutet werden.

ERKENNUNGSMERKMALE

Hut jung gelb- bis dunkelbraun, halbkugelig, dann verflachend, feucht schmierig, Rand gerieft, oft wellig! Lamellen blass cremefarben, jung rostfleckig, manche Arten mit schwarzen Pünktchen versehen (Morse-Täubling). Stiel weiß, typisch gekammert-hohl.

BESONDERHEITEN

Größere Mengen dieses Täublings verursachen bei empfindlichen Personen Durchfall, Übelkeit und Erbrechen.

WICHTIGSTE MERKMALE

- Übelriechender Täubling
- Hut in Brauntönen, Rand gerieft
- Lamellen cremefarben
- Stiel weiß, gekammert-hohl

VORKOMMEN

- Frühsommer bis Herbst
- Mykorrhiza-Pilz
- Massenpilz im Nadelwald
- Einzeln

GELBER GRAUSTIEL-TÄUBLING

Russula claroflava
Speisepilz, Sporenpulver hellocker

Zu seinen nahen Verwandten zählen weitere gute Speisepilze, z. B. der Orangerote sowie der Weinrote Graustiel-Täubling.

VERWECHSLUNGSGEFAHREN

Der ebenfalls essbare Ocker-Täubling (Seite 201) wächst nicht wie der Graustiel-Täubling ausschließlich bei Birken und hat niemals eine solch intensive Grauverfärbung im verletzten Fleisch.

WICHTIGSTE MERKMALE

- Unter Birken, in Mooren
- Hut zitronengelb
- Lamellen weißlich, dann grauend
- Fleisch bei Verletzung in allen Teilen grauend

VORKOMMEN

- Sommer bis Herbst
- Mykorrhiza-Pilz
- Bei Birken auf feuchten Böden
- Einzeln

ERKENNUNGSMERKMALE

Hut zitronengelb, jung halbkugelig, dann gewölbt, Mitte leicht vertieft, Haut feucht glänzend. Lamellen weißlich, später grauend. Im Wald beim Sammeln im Stiel leicht ankratzen und auf das Röten warten. Stiel weiß, bei Verletzung rötend, später grauend. Fleisch weiß, im Schnitt grauschwarz werdend.

BESONDERHEITEN

Diese Täublings-Art ist mittlerweile selten und sollte geschont werden.

Gelber Graustiel-Täubling

Orangeroter Graustiel-Täubling

OCKER-TÄUBLING

(ZITRONEN-TÄUBLING)

Russula ochloreuca
Speisepilz, Sporenpulver weiß

Sein Speisewert ist schlichtweg unbedeutend, bei erfolglosem Suchen nach anderen Speisepilzen kann dieser häufige Pilz aber trotzdem gesammelt werden.

VERWECHSLUNGSGEFAHREN

Der Ocker-Täubling kann mit vielen anderen gelb-hütigen Täublingen verwechselt werden. Der giftverdächtige, nach Apfelkompott riechende Gallentäubling ist im Geschmack sehr scharf und bevorzugt reine Laubwälder.

ERKENNUNGSMERKMALE

Hut hell- bis ockergelb, jung gewölbt, dann verflachend bis leicht eingedrückt. Lamellen spröde, weiß, cremefarbig, mäßig eng stehend und angewachsen. Stiel weiß, alt grauend. Basis leicht verdickt. Fleisch weiß. Geschmack mild bis leicht scharf.

BESONDERHEITEN

Ocker-Täublinge sind echte Generalisten und kommen bei Weißtannen, Birken, Rotbuchen, Waldkiefern, Fichten und in Hainbuchen-Eichenwäldern vor.

WICHTIGSTE MERKMALE

- Geschmack mild bis leicht scharf
- Hut hell- bis ockergelb
- Lamellen weiß- bis cremefarbig
- Stiel und Fleisch weiß

VORKOMMEN

- Frühsommer bis Spätherbst
- Mykorrhiza-Pilz
- Massenhaft in Nadelwäldern
- Einzeln

ROTER HERINGS-TÄUBLING

Russula xerampelina
Speisepilz, Sporenpulver ockerfarbig

Alle Vertreter der Gruppe der Herings-Täublinge sind gute Speisepilze.

VERWECHSLUNGSGEFAHREN

Eine Verwechslung mit diversen rot-hütigen Täublingen, insbesondere dem giftverdächtigen Zitronenblättrigen Täubling ist denkbar. Dieser hat jedoch im Gegensatz zum Herings-Täubling einen sehr scharfen Geschmack.

ERKENNUNGSMERKMALE

Hut karmin- bis weinrot, Mitte schwärzlich, halbkugelig, dann gewölbt, Huthaut bei Feuchtigkeit schmierig, im Alter runzelig. Lamellen spröde, weißlich, bald cremefarben, auf Druck bräunend. Stiel weiß, oft purpurrot überhaucht. Fleisch weiß, verletzt bräunend. Geruch heringsartig. Geschmack mild.

BESONDERHEITEN

Wie der Name schon verrät, weist dieser Täubling einen deutlichen Fisch-»Duft« auf, der sich bei der Zubereitung verflüchtigt. Er gilt als ausgezeichneter Speisepilz.

WICHTIGSTE MERKMALE

- Heringsartiger Geruch
- Hut karminrötlich
- Lamellen weiß bis cremefarbig
- Stiel purpurrot überhaucht

VORKOMMEN

- Sommer bis Herbst
- Mykorrhiza-Pilz
- In Nadelwäldern
- Einzeln

ROTSTIELIGER LEDER-TÄUBLING

ESSBAR

Russula olivacea
Speisepilz, Sporenpulver dottergelb

Der Speisewert dieser Art ist mittlerweile umstritten. Obwohl sie mild schmeckt und damit Genießbarkeit vermittelt, sollte sie mit Vorsicht genossen werden.

VERWECHSLUNGSGEFAHREN

Trotz der rötlichen Schneiden ist dieser Pilz nicht einfach zu bestimmen. Bei blassen Hüten ist Vorsicht vor der Verwechslung mit den brennend scharfen Spei-Täublingen (z.B. Seite 197) geboten.

WICHTIGSTE MERKMALE

- Robuster, farbvariabler Pilz
- Hut olivgrünlich, rotbraun bis weinrot
- Rötliche Lamellenschneiden
- Stiel karminrot überhaucht

VORKOMMEN

- Frühsommer bis Herbst
- Mykorrhiza-Pilz
- Meist im Laubwald, eher kalkhaltige Böden
- Einzeln

ERKENNUNGSMERKMALE

Hut olivgrünlich, rotbraun bis weinrot, jung halbkugelig, dann gewölbt. Lamellen spröde, hellgelb und später dottergelb, Schneiden rötlich, ausgebuchtet angewachsen. Stiel weiß, mit karminrotem Überzug. Fleisch weiß bis cremefarbig.

BESONDERHEITEN

Einer der größten Täublinge überhaupt mit einem breiten Farbenspektrum der Hüte. Der Genuss dieser Art kann zu individuellen Unverträglichkeitsreaktionen führen.

STACHELBEER-TÄUBLING

VERWECHSLUNGSGEFAHR

Russula queletii
giftverdächtig, Sporenpulver cremefarben

Dieser schön gefärbte Täubling ist leicht giftig und wird aufgrund seiner Färbungen als »Säufernase« bezeichnet.

WICHTIGSTE MERKMALE

- Geruch nach Stachelbeerkompott
- Hut weinrot bis purpurrosa
- Lamellen bald cremefarben
- Stiel purpur bis blaurot auf hellem Grund

VORKOMMEN

- Frühsommer bis Spätherbst
- Mykorrhiza-Pilz
- In Nadelwäldern, meist bei Fichten
- Einzeln

VERWECHSLUNGSGEFAHREN

Sehr ähnlich und ebenfalls leicht giftig ist der Zitronenblättrige Täubling, der auffallend cremefarbige Lamellen besitzt und nicht nach Stachelbeerkompott riecht.

ERKENNUNGSMERKMALE

Hut weinrot bis purpurrosa, feucht schmierig, jung gewölbt, dann ausgebreitet, Rand gerieft. Lamellen jung weiß, im Alter cremefarben bis grünlich, gerade angewachsen. Stiel rosa, purpur bis blaurot auf hellem Grund. Geruch nach Stachelbeerkompott. Geschmack brennend scharf.

DICKBLÄTTRIGER SCHWÄRZ-TÄUBLING

Russula nigricans
Speisepilz, Sporenpulver grauweiß

Dickblättrige Schwärz-Täublinge sind wahre Massenpilze und erscheinen teilweise zu Hunderten bei Herbstbeginn.

WICHTIGSTE MERKMALE

- Fleisch bei Verletzung zuerst rötend, dann schwärzend
- Hut rauchgrau
- Lamellen weit entfernt stehend

VORKOMMEN

- Frühsommer bis Spätherbst
- Mykorrhiza-Pilz
- Generalist
- Einzeln

VERWECHSLUNGSGEFAHREN

Die verschiedenen Schwärz-Täublinge ähneln sich sehr. Diese Art ist jedoch anhand der weit entfernten Lamellen und der Rotfärbung des Fleisches bei Verletzung gut zu erkennen.

ERKENNUNGSMERKMALE

Hut weißlich, jedoch immer mit rauch- bis schwarzgrauem Beiton, älter ganz schwarz. Lamellen leicht splitternd, weit entfernt stehend, dick, ausgebuchtet angewachsen. Stiel schwärzend. Fleisch weiß, im Schnitt stark rötend, später schwarz verfärbend.

BESONDERHEITEN

Wenn man nach den Wintermonaten im Wald schwarze »Pilzleichen« sieht, sind es garantiert Dickblättrige Schwärz-Täublinge, die sich selbst »trocknen« können.

SCHMALBLÄTTRIGER WEISS-TÄUBLING

Russula chloroides
Speisepilz, Sporenpulver weiß

Diese im Laubwald recht häufige Art gilt als essbar, wir empfehlen sie aufgrund ihres unbedeutenden Geschmacks aber höchstens als Mischpilz.

VERWECHSLUNGSGEFAHREN

Verwechslungen mit dem Gemeinen Weiß-Täubling (mit breiten Lamellen), dem Wolligen Milchling (Seite 217) und dem Pfeffer-Milchling (Seite 216) sind nicht auszuschließen. Die letzteren Arten milchen jedoch und schmecken scharf.

ERKENNUNGSMERKMALE

Hut schmutzig-weißlich, gewölbt, leicht trichterartig, Rand lange eingerollt. Lamellen jung weiß mit blaugrünem Schimmer am Stielansatz, Schneiden alt blaugrün, dicht stehend und angewachsen. Stiel weiß, braun fleckend. Fleisch weiß, hart, nur leicht scharf.

BESONDERHEITEN

Bei weißen Täublingen und Milchlingen ist generell Vorsicht geboten, da es mehrere brennend scharfe Arten gibt.

WICHTIGSTE MERKMALE

- Schmutzig-weißlicher Pilz
- Hutrand lange eingerollt
- Lamellen dicht stehend
- Stiel braun fleckend

VORKOMMEN

- Frühsommer bis Spätherbst
- Mykorrhiza-Pilz
- Generalist, auf kalkigen bis schwachsauren Böden
- Einzeln

ESSBAR

EDEL-REIZKER

Lactarius deliciosus
Speisepilz, Sporenpulver cremefarben

Die Edel-Reizker zählen zu den am leichtesten bestimmbaren Speisepilzen für Anfänger und Anfängerinnen und dürfen auf keiner Suchliste fehlen.

VERWECHSLUNGSGEFAHREN

Eine Verwechslung mit dem Fichten-Reizker (Seite 210) und dem Lachs-Reizker (Seite 211) passiert öfter, diese sind aber ebenfalls gute Speisepilze. Der giftige Birken-Milchling (Seite 214) hat eine weiße Milch, einen zottig behangenen Hutrand und wächst bei Birken.

ERKENNUNGSMERKMALE

Hut lebhaft orange mit dunklerer Zonierung und oft grünbraunen Flecken, gewölbt, dann leicht trichterartig, mit eingerolltem Rand. Lamellen brüchig, karottenorange und herablaufend. Stiel hellorange, hohl, mit dunkelorangen Gruben. Milch karottenorange, erst nach Stunden schwach grünend.

BESONDERHEITEN

Wie alle essbaren Reizker schmeckt er scharf angebraten und leicht gesalzen am besten, wobei der Name verrät, dass er in seltenen Fällen nicht vertragen wird. Beim Erstverzehr sollten daher nur kleinere Mengen verkostet werden. Er zählt mit zu den Pilzen mit dem intensivsten Geschmack.

WICHTIGSTE MERKMALE

- Fruchtkörper orange
- Hut mit Zonierung
- Lamellen herablaufend
- Stiel mit Gruben, hohl
- Milch orange, dann grünlich

VORKOMMEN

- Sommer bis Herbst
- Mykorrhiza-Pilz
- Unter Kiefern, eher auf kalkhaltigen Böden
- Einzeln

Verschiedene Reizker-Kappen mit typischer Verfärbung

MILCHLINGE

FICHTEN-REIZKER

Lactarius deterrimus
Speisepilz, Sporenpulver cremefarben

Ein Massenpilz im Spätherbst, der unter Fichten oder an Rändern von Forststraßen zu finden ist.

VERWECHSLUNGSGEFAHREN

Alle Reizker mit orange- bis rotfarbener Milch sind essbar. Der ebenfalls essbare Lärchen-Milchling ist in der Hutfarbe sehr ähnlich, hat jedoch weiße Milch.

ERKENNUNGSMERKMALE

Hut orangerot, im Alter oder nach Kälteschock mit grünen Flecken, jung gewölbt, dann leicht trichterartig (innen dunkler gefärbt), mit langem eingerolltem Rand. Lamellen angewachsen bis herablaufend. Stiel orange, hohl und ohne Gruben. Milch frisch karottenorange, nach etwa 15 Minuten weinrot.

BESONDERHEITEN

Nach größeren Verzehrmengen kann sich der Urin rot verfärben, was an den Farbstoffen liegt und unbedenklich ist.

WICHTIGSTE MERKMALE

- Fruchtkörper orangerot
- Hut mit grünen Flecken
- Lamellen angewachsen bis herablaufend
- Stiel ohne Gruben, hohl
- Milch frisch orange, dann weinrot

VORKOMMEN

- Sommer bis Spätherbst
- Mykorrhiza-Pilz
- Unter Fichten
- Einzeln

LACHS-REIZKER

Lactarius salmonicolor
Speisepilz, Sporenpulver hellocker

Nach Fichte und Kiefer hat auch die Weißtanne mit dem Lachs-Reizker eine eigene orangemilchende, essbare Art.

VERWECHSLUNGSGEFAHREN

Der Lachs-Reizker kann höchstens mit anderen essbaren Reizkern verwechselt werden.

ERKENNUNGSMERKMALE

Hut orangerot, ohne Grüntöne, zuerst gewölbt, dann trichterartig mit mehreren dunklen Zonen, Rand lange eingerollt. Huthaut bei Nässe schmierig. Lamellen spröde, angewachsen bis herablaufend. Stiel brüchig und bald hohl werdend, gelborange mit orangeroten Grübchen. Milch frisch karottenorange, nach 10 Minuten weinrotbraun.

WICHTIGSTE MERKMALE

- Fruchtkörper orangerot
- Hut ohne Grüntöne
- Lamellen angewachsen bis herablaufend
- Stiel mit Grübchen
- Milch frisch karottenorange, dann weinrot

VORKOMMEN

- Sommer bis Spätherbst
- Mykorrhiza-Pilz
- Unter Weißtannen
- Einzeln

BESONDERHEITEN

Aufgrund ihrer antioxidativen Inhaltsstoffe sowie teilweise hohen Vitamin- und Mineraliengehalten zählen die »edlen« Reizker zu den Vitalpilzen.

BRÄTLING
(MILCHBRÄTLING)

Lactifluus volemus
Speisepilz, Sporenpulver cremeweiß

Brätlinge zählen zu den besten Speisepilzen der gesamten Täublings-Verwandtschaft und überzeugen mit intensivem Geschmack.

VERWECHSLUNGSGEFAHREN
Alleine der heringsartige Geruch und das reichlich milchende Fleisch machen diese Art fast unverwechselbar. Der giftige Maggipilz (Seite 215) ähnelt ihm, riecht jedoch nach Maggi und hat eine wässrige, bis kaum wahrnehmbare Milch.

ERKENNUNGSMERKMALE
Hut orangefuchsig bis rotbraun, anfangs gewölbt, dann abgeflacht mit leicht vertiefter Mitte, Rand eingebogen. Lamellen cremefarben, bei Druck braunfleckig, gedrängt, leicht herablaufend. Stielfarbe wie der Hut, festfleischig. Milch reichlich, weiß. Geruch nach Heringslake.

BESONDERHEITEN
Die Milch hinterlässt nicht abwaschbare Flecken auf der Kleidung und verleiht ein fischiges »Aroma«. Brätlinge leiden unter der zunehmenden Trockenheit, werden daher zunehmend seltener und sind beispielsweise in Österreich auf der Liste der Roten Pilz-Arten. Daher sammeln wir sie nicht mehr.

WICHTIGSTE MERKMALE
- Geruch nach Heringslake
- Hut leicht vertieft
- Lamellen bei Druck braunfleckig
- Stiel in Hutfarben
- Milch weiß

VORKOMMEN
- Frühsommer bis Herbst
- Mykorrhiza-Pilz
- Auf Kalkböden in Nadelwäldern, selten Laub-Mischwälder
- Einzeln

BIRKEN-MILCHLING

VERWECHSLUNGSGEFAHR

Lactarius torminosus
giftig, Sporenpulver hellgelb

Ein optisch ansprechender Birkenbegleiter, der allerdings brennend scharfe, weiße Milch abgibt.

VERWECHSLUNGSGEFAHREN

Von oben betrachtet, sehen die essbaren Reizker (Seite 208, 210, 211) ähnlich aus, sind jedoch deutlich stärker oranger gefärbt als der Birken-Milchling, haben keinen zottig behangenen Rand und karottenorange Milch.

ERKENNUNGSMERKMALE

Hut zuerst fast halbkugelig, dann trichterförmig ausgebreitet, Hutoberfläche lachsfarbig mit Zonierung und behaart, zottig behangener eingerollter Rand. Lamellen cremefarben, breit angewachsen bis herablaufend. Stiel hell lachsfarben, leicht flaumig, im Alter hohl. Fleisch weiß, Milch brennend scharf.

BESONDERHEITEN

Giftstoffe sind Terpene, die nach etwa 30 Minuten bis 3 Stunden Magen-Darmprobleme mit Brechdurchfall auslösen. In Osteuropa wird dieser Milchling trotz der Giftigkeit einer Silierung (ähnlich der Sauerkrauterzeugung) unterzogen und dann verzehrt.

WICHTIGSTE MERKMALE

- Hut lachsfarbig
- Hutrand zottig behangen
- Lamellen cremefarbig
- Stiel lachsfarben und leicht flaumig
- Fleisch und Milch weiß

VORKOMMEN

- Sommer bis Herbst
- Mykorrhiza-Pilz
- Ausschließlich bei Birken
- Einzeln

MAGGIPILZ

(BRUCH-MILCHLING)

VERWECHSLUNGSGEFAHR

Lactarius helvus

giftig, Sporenpulver gelblich

Bei Milchlingen mit weißer bzw. heller Milch ist generell Vorsicht geboten, auch wenn in dieser Familie keine hochgiftigen Arten vorkommen.

VERWECHSLUNGSGEFAHREN

Durch seinen typischen Geruch nach Maggi und seiner glasklaren, wässrigen Milch ist er kaum zu verwechseln. Optisch ähnlich ist der essbare, meist größer gewachsene Brätling (Seite 212), der jedoch weiße Milch und einen fischartigen Geruch aufweist.

ERKENNUNGSMERKMALE

Hut orangebraun, feinfilzig, flach gewölbt, später niedergedrückt, Rand meist wellig. Lamellen cremeweiß, leicht herablaufend. Stiel heller als der Hut, bald hohl werdend. Fleisch sehr brüchig. Milch wässrig. Geruch auffallend nach Maggi.

BESONDERHEITEN

Dieser Pilz verursacht bereits nach 15 Minuten Magen-Darm-Beschwerden sowie Schwindelgefühl.

WICHTIGSTE MERKMALE

- Geruch nach Maggi
- Hut orangebraun
- Lamellen leicht herablaufend
- Stiel heller als der Hut
- Wässrige Milch

VORKOMMEN

- Sommer bis Herbst
- Mykorrhiza-Pilz
- In feuchten, sauren Nadelwäldern
- Einzeln

PFEFFER-MILCHLING

VERWECHSLUNGSGEFAHR

Lactarius piperatus
kein Speisepilz, Sporenpulver weiß

Von weißen Milchlingen ist generell für Speisezwecke abzuraten.

WICHTIGSTE MERKMALE

- Brennend scharfe Milch
- Hut bald trichterförmig
- Lamellen weißlich oder creme-gelblich, gedrängt
- Stiel auf Druck ockerfleckig
- Fleisch weiß

VORKOMMEN

- Spätsommer bis Herbst
- Mykorrhiza-Pilz
- Im Laubwald, gerne bei Buchen oder Eichen
- Einzeln

VERWECHSLUNGSGEFAHREN

Eine Verwechslung mit anderen weiß-hütigen Milchlingen und Täublingen ist denkbar. Der bedingt essbare Wollige Milchling (Seite 217) ist durch die deutlich entfernt stehenden Lamellen gut vom Pfeffer-Milchling zu unterscheiden.

ERKENNUNGSMERKMALE

Hut weiß, Oberfläche samtig-filzig, anfangs gewölbt, dann trichterförmig vertieft, oft feldrig aufgerissen. Lamellen erst weißlich, dann creme-gelblich, gedrängt stehend, etwas herablaufend Stiel lang, verjüngt sich zur Basis, weißlich, Druckstellen ocker-fleckig. Fleisch weiß und nach einiger Zeit gelblich, im Geschmack sehr scharf. Milch weiß, brennend scharf.

BESONDERHEITEN

Wird in Osteuropa trotz Schärfe jung dünn geschnitten und geröstet verwendet.

WOLLIGER MILCHLING

Lactifluus vellereus
bedingt essbarer Speisepilz,
Sporenpulver weiß

Der Riese unter den Milchlingen wird auch »Erdschieber« genannt und kann stattliche Ausmaße annehmen.

VERWECHSLUNGSGEFAHREN

Eine Verwechslung mit ebenfalls weißhütigen Täublingen (haben aber keine Milch) oder scharf schmeckenden weißen Milchlingen ist möglich. Der ungenießbare Pfeffer-Milchling (Seite 216) ist im Habitus ähnlich, hat jedoch keine samtig-filzige Hutoberfläche.

ERKENNUNGSMERKMALE

Hut kalkweiß, Oberfläche samtig-filzig, anfangs gewölbt, dann trichterförmig vertieft, mit festklebenden Erd- und Streuresten. Lamellen starr und spröde, weißlich, dann gelblich, entfernt stehend, etwas herablaufend. Stiel weißlich, braunfleckig. Fleisch hart, weiß, scharf-bitter, Milch eher mild, nach einiger Zeit bitter-kratzend.

BESONDERHEITEN

Alte Pilzfruchtkörper zersetzen sich nur schwer und stehen oft lange als schwarze Pilzleichen im Wald. Der Genuss dieses Pilzes kann unbehandelt erhebliche Magen-Darm-Beschwerden verursachen. In Osteuropa wird er durch verschiedene Vorbehandlungen essbar gemacht.

WICHTIGSTE MERKMALE

- Hut mit Erd- und Streuresten
- Hut kalkweiß
- Lamellen weiß bis gelblich
- Stiel mit bräunlichen Flecken
- Milch weiß

VORKOMMEN

- Spätsommer bis Herbst
- Mykorrhiza-Pilz
- Generalist
- Einzeln

MOHRENKOPF-MILCHLING

Lactarius lignyotus
Speisepilz, Sporenpulver weißlich-ocker

Aufgrund seiner unscheinbaren, wenig ansprechenden Optik wird er eher selten gesammelt.

VERWECHSLUNGSGEFAHREN

Der Hauptverwechslungspartner ist der sehr ähnliche ungenießbare Pechschwarze Milchling (Seite 219). Er hat im Gegensatz zum Mohrenkopf keine gebuckelte Hut-Mitte und keine herablaufenden Lamellen.

ERKENNUNGSMERKMALE

Hut schwarzbraun, samtig, anfangs gewölbt, dann leicht trichterförmig, mit spitzem Buckel. Lamellen weiß, dann ockerfarbig, kurz herablaufend. Stiel in Hutfarben, eher schlank, Spitze längsrillig und runzelig. Fleisch weiß, im Schnitt langsam lachsrosa. Milch weiß, langsam rosa verfärbend. Geschmack mild.

BESONDERHEITEN

Zusammen mit dem Brätling mit Abstand der geschmacklich beste Milchling.

WICHTIGSTE MERKMALE

- Samtiger, schwarzbrauner Hut
- Hut mit Buckel
- Lamellen weiß
- Stielspitze runzelig, gerillte Zone direkt am Stielansatz unter Lamellen
- Fleisch und Milch weiß

VORKOMMEN

- Sommer bis Herbst
- Mykorrhiza-Pilz
- Ausschließlich unter Fichten
- Einzeln

PECHSCHWARZER MILCHLING

VERWECHSLUNGSGEFAHR

Lactarius picinus
kein Speisepilz, Sporenpulver ocker

Die scharfe Milch verrät ihn, Kostproben zu Bestimmungszwecken dürfen ausschließlich von erfahrenen Sammelnden vorgenommen werden.

VERWECHSLUNGSGEFAHREN

Der essbare Mohrenkopf-Milchling (Seite 218) hat einen spitzen Buckel am Hut und eine runzelige Stielspitze. Alle braunhütigen Milchlinge sind eher schwierig zu unterscheiden.

ERKENNUNGSMERKMALE

Hut schwarzbraun, samtig, flach gewölbt, Rand lange eingerollt. Lamellen jung hellgelb, später hellocker, gedrängt. Stiel eher kräftig, ockerbraun, Basis weißfilzig. Fleisch sehr brüchig, weiß, im Schnitt nach Stunden rosa verfärbend und scharf, Milch weiß, erst mild, dann scharf.

BESONDERHEITEN

Der Pechschwarze Milchling kann bei Genuss größerer Mengen zu Magen-Darm-Problemen führen.

WICHTIGSTE MERKMALE

- Schwarzbrauner Hut
- Hut mit eingerolltem Rand
- Lamellen hellgelb bis hellocker
- Stielbasis mit weißem Filz
- Fleisch und Milch weiß

VORKOMMEN

- Sommer bis Herbst
- Mykorrhiza-Pilz
- In höher gelegenen Nadelwäldern
- Einzeln

SCHWEFELPORLING

Laetiporus sulphureus
Speisepilz, Sporenpulver weiß

Kaum ein anderer Pilz ist so einfach und von so großen Entfernungen her zu finden. Sein manchmal riesiger orange-gelber Fruchtkörper strahlt aus Dutzenden Metern und lockt uns an.

VERWECHSLUNGSGEFAHREN

Er ist praktisch unverwechselbar durch seine intensive Farbe und Größe. Der ungenießbare leuchtende Weichporling ähnelt ihm etwas, weist aber keine schwefel-gelben Farbtöne auf und wächst zudem an Nadelholz.

ERKENNUNGSMERKMALE

Fruchtkörper orangegelb (im Alter weiß). Fruchtkörper fächerförmig übereinander angeordnet. Fleisch blass schwefelgelb. Geruch aromatisch säuerlich.

WICHTIGSTE MERKMALE

- Auffallend gelb-oranger Fruchtkörper
- Röhren zitronengelb, feinporig
- Konsistenz jung: saftig-weich

VORKOMMEN

- Früh- bis Spätsommer
- Saprobiont/Parasit
- Immer an Laubhölzern, einzige Ausnahme: Lärchen-Schwefelporling

BESONDERHEITEN

Giftverdächtig, wenn er auf giftigen Bäumen wie Robinien oder Eiben wächst. Seine Konsistenz ist unter allen Pilzen am ehesten mit Fleisch vergleichbar. 10 Minuten in Salzwasser blanchiert und anschließend paniert, schmeckt er am besten. Geschmack entfernt wie Hühnerfleisch.

LEBERREISCHLING

(OCHSENZUNGE)

Fistulina hepatica
jung essbar, Sporenpulver hellbraun

Ein imposanter Baumparasit, der gerne Eichen befällt und dort riesige Fruchtkörper bildet, ein Querschnitt lohnt sich.

VERWECHSLUNGSGEFAHREN

Der Leberreischling kann mit anderen, ungenießbaren, farblich ähnlich aussehenden Porlingen verwechselt werden. Fatal wäre die Verwechslung mit dem stark giftigen Zimtfarbenen Weichporling (Seite 136). Dieser Weichporling reagiert jedoch auf Lauge (violette Verfärbung), während das beim Leberreischling nicht der Fall ist.

ERKENNUNGSMERKMALE

Hut blutrot, alt weinrot bis braunrot, 8–30 cm breit und 6–9 cm dick, zungenförmig, mit kurzem Stiel oder verschmälerter Anwachsstelle. Oberste Hautschicht elastisch, abziehbar, oft blutrote Tropfen ausscheidend. Unterseite jung weißlich bis creme-gelblich, alt rötlich, aus nicht verwachsenen Röhren bestehend. Fleisch rötlich, mit heller Maserung (wie rohes Fleisch), saftreich und weich, auf Druck eine blutrote Flüssigkeit abgebend. Geruch schwach obstartig. Geschmack säuerlich.

WICHTIGSTE MERKMALE

- Zungenförmiger Porling
- Oberseite oft blutrote Tropfen ausscheidend
- Fleisch rötlich, mit heller Maserung
- Poren zuerst hell, im Alter rötlich

VORKOMMEN

- Sommer bis Spätherbst
- Parasit
- Gerne am Fuße von alten, lebenden Eichen
- Einzeln bis konsolenförmig

BESONDERHEITEN

Der Leberreischling gilt jung als essbar, der Geschmack ist jedoch auch nach längerem Wässern immer noch säuerlich. Er kann auch als Pilzpulver verwendet werden.

BIRKEN-PORLING

Fomitopsis betulina
Vitalpilz, Sporenpulver weiß

Der Birkenporling ist einer der wirksamsten Vitalpilze unserer Wälder und kommt bei Magen-Darmproblemen, zur Anregung des Immunsystems sowie zur Wundheilung zum Einsatz.

VERWECHSLUNGSGEFAHREN

Das Vorkommen nur auf Birke und der nierenförmige Fruchtkörper lassen Verwechslungen kaum zu.

ERKENNUNGSMERKMALE

Fruchtkörper jung weiß, alt bis ockerbraun, muschel- bis nierenförmig, Oberfläche später aufreißend. Poren weißlich, dann schmutzig-weißlich. Fleisch weiß, jung elastisch und saftig, alt korkig und zäh.

BESONDERHEITEN

Der Birkenporling verursacht Braunfäule, die an den braunen, zersetzten Holzwürfeln an Stämmen zu erkennen ist.

WICHTIGSTE MERKMALE

- Ungestielter Porling auf Birke
- Oberseite weißlich bis ockerbraun
- Fleisch weißlich
- Poren jung weißlich

VORKOMMEN

- Ganzjährig, Hauptwachstum Herbst
- Saprobiont/Parasit
- Auf liegenden und aufrecht stehenden Birken
- Einzeln

FLACHER LACKPORLING

Ganoderma applanatum
Vitalpilz, Sporenpulver kakaobraun

Er wird auch »Malerpilz« genannt und zählt ebenfalls zu den Vitalpilzen. Für herkömmliche Speisezwecke eignet er sich nicht, aber als Tee bzw. Pulver bereichert er jede Hausapotheke.

WICHTIGSTE MERKMALE

- Konsolenartig wachsender, mehrjähriger Pilz
- Oberseite mit weißer Zuwachskante
- Poren weißlich
- Zitzenartige Auswüchse

VORKOMMEN

- Ganzjährig
- Saprobiont/Parasit
- Generalist, eher an Laubholz
- Einzeln

VERWECHSLUNGSGEFAHREN

Der Zunderschwamm (Seite 227) und der Rotrandige Baumschwamm (Seite 226) sowie diverse andere Lackporlinge sind Verwechslungspartner. Achtet man jedoch auf die diversen Bestimmungsdetails, kann dies gut vermieden werden.

ERKENNUNGSMERKMALE

Fruchtkörper konsolen- bis fächerförmig, grau, bis dunkelbraun, Rand weiß, mit leicht eindrückbarer Kruste. Poren weißlich, auf Druck bräunend (so lassen sie sich »bemalen«). Fleisch zäh, rostbraun, mit weißlicher Myceladerung.

BESONDERHEITEN

Auf der Porenschicht fallen die zitzenartigen Auswüchse auf, die durch die Zitzengallenfliege für die Larvenabgabe entstanden sind.

SCHMETTERLINGSTRAMETE

Trametes versicolor
Vitalpilz, Sporenpulver cremefarben

Dieser unscheinbare und überaus häufige Pilz hat es auf den zweiten Blick in sich – er zählt zu den meist erforschten Vitalpilzen der Welt.

WICHTIGSTE MERKMALE

- Konsolenförmiges Wachstum
- Oberseite hell- bis dunkelbraun, Zuwachskante weiß
- Poren rundlich klein
- Außenzone weiß

VORKOMMEN

- Ganzjährig
- Saprobiont
- Vorwiegend an toten Laubholzstümpfen
- Dachziegelartig und gedrängt wachsend

VERWECHSLUNGSGEFAHREN

Gerne wird die Schmetterlingstramete mit anderen, fast gleich aussehenden, ungenießbaren Trameten verwechselt. Die Zonentramete ist zur Anwachsstelle dicker, nur in Brauntönen gefärbt und wächst gerne auf Birken. Die Buckeltramete ist grünlich und besitzt in der Mitte einen Buckel. Dem einzig hoch-giftigen Porling, dem Zimtfarbenen Weichporling (Seite 136), ähnelt die Schmetterlingstramete nicht.

ERKENNUNGSMERKMALE

Fruchtkörper 4–9 cm breit, 3–4 mm dick, konsolenförmig, ziegelartig, dicht übereinanderstehend. Oberseite hell- bis dunkelbraun, stark filzig, zonenweise mit Seidenglanz, Zuwachskante weiß abgesetzt. Rand dünn, wellig und scharfkantig. Röhren blass-ocker, Poren rundlich und klein. Fleisch lederig zäh, von außen nach innen allmählich dicker werdend. Geruch und Geschmack unbedeutend.

BESONDERHEITEN

Gilt als Vitalpilz, ist jedoch in der Schweiz als solcher nicht zugelassen. Er wird bei Immunschwäche eingesetzt, und vor allem bei Leberkrebs, Prostatakrebs, Rheuma usw. Getrocknet wird der Pilz auch für Schmuckzwecke und Gestecke bei Dekorationen verwendet. Er sollte jedoch wegen des Madenbefalls nach dem Trocknen für einige Tage in die Tiefkühltruhe und hinterher mit Haarspray wegen des Farbglanzes besprüht werden.

ESSBAR

ROTRANDIGER BAUMSCHWAMM

Fomitopsis pinicola
Vitalpilz, Sporenpulver weiß

Er wird auch »Fichtenporling« genannt und zählt zu den häufigsten »Baumpilzen« in Nadelwäldern.

VERWECHSLUNGSGEFAHREN

Anhand der weißen (junge Exemplare), gelben bis rötlichen (ältere) Farbe der Zuwachskante ist eine Verwechslung mit anderen Porlingen kaum möglich.

ERKENNUNGSMERKMALE

Fruchtkörper anfangs eher kugelig, dann flach mit Buckel, am Holz aufliegend, jung blaugrau bis gelborange, später dunkelbraun bis schwarz, mit weißer bis rötlicher Zuwachszone. Poren blassgelb bis graubraun, bei Feuchtigkeit mit Wassertröpfchen an der Unterseite. Fleisch von zäher Konsistenz.

BESONDERHEITEN

Im Zweifel sind einjährige Fruchtkörper an ihrer schmelzbaren Kruste zu erkennen (Feuerzeug-Test).

WICHTIGSTE MERKMALE

- Am Holz anliegender Pilz
- Oberseite mit weißer bis rötlicher Zuwachszone
- Fruchtkörper buckelig
- Poren blassgelb bis graubraun

VORKOMMEN

- Ganzjährig, Hauptwachstum Herbst
- Saprobiont/Parasit, verursacht Braunfäule
- Auf toten Nadelbäumen, seltener Laubholz
- Einzeln

PORLINGE

ZUNDERSCHWAMM

Fomes fomentarius
Vitalpilz, Sporenpulver weiß

Ein häufiger und imposanter Pilz an toten und absterbenden Laubbäumen, der als Vitalpilz gilt und ein breites Anwendungsspektrum aufweist. Er zählt zu den mehrjährigen Porlingen, sein Fruchtkörper wächst über Jahre und kann riesige Ausmaße annehmen.

VERWECHSLUNGSGEFAHREN

Einige harmlose Verwechslungspartner finden sich in der Familie der Stielporlingsverwandten, wie z. B. verschiedene Arten von Feuerschwämmen (Gattung *Phellinus*).

ERKENNUNGSMERKMALE

Fruchtkörper grau-ocker, zuerst unregelmäßig kugelig, dann konsolenförmig, mit welliger, harter Kruste und weißer Zuwachskante. Poren weißlich bis ocker, später braun. Die Röhren zeigen im Schnitt eine Schichtung. Fleisch braun und hart.

BESONDERHEITEN

Das innere »Hutfleisch« (Zunder) wurde früher zum Feuermachen verwendet, aber auch zur Herstellung lederähnlicher Produkte (Kappen, Westen, Taschen).

WICHTIGSTE MERKMALE

- Konsolenbildender, mehrjähriger Pilz
- Oberseite mit weißer Zuwachskante
- Mehrjährige Röhrenschichten
- Mit innerem Myzelial-Kern

VORKOMMEN

- Ganzjährig
- Saprobiont/Parasit
- Im Laubwald, gerne auf Buche und Birke
- Einzeln

KRAUSE GLUCKE

Sparassis crispa
Speisepilz, Sporenpulver weiß

Für viele der beste Speisepilz von allen – unvergleichlich in Geschmack und Aroma. Zudem ist die Krause Glucke durch ihre Bindung an Kiefern und den einzigartigen Wuchs leicht bestimmbar.

VERWECHSLUNGSGEFAHREN

Die giftige Bauchweh-Koralle (Seite 144) kann der Krausen Glucke ähnlich sehen. Die Koralle hat jedoch gelbliche Äste mit lilarötlichen Spitzen. Die eher seltenere, ebenfalls essbare Breitblättrige Glucke erscheint parasitisch an Wurzeln von Eichen und Tannen und hat einen eher weißen, breit gekräuselten Fruchtkörper.

ERKENNUNGSMERKMALE

Fruchtkörper badeschwamm- oder blumenkohlartig, 10–40 cm breit, trübgelblich bis ockerfarbig, mit krausen, aufrecht stehenden, gedrückten Außen-Ästen, innen mit vielen Hohlräumen, zur Basis hin wurzelnd-strunkartig vereinigt. Fleisch weiß bis blass-creme, mit brüchiger Konsistenz, jung marmoriert wirkend. Geruch intensiv würzig.

BESONDERHEITEN

Die Krause Glucke hat ein reges Innenleben und ist oft mit Erde bedeckt – daher empfehlen wir hier ausnahmsweise eine gründliche Wäsche vor dem Verzehr.

WICHTIGSTE MERKMALE

- Badeschwammförmiger Pilz
- Oberfläche krausartig
- Innen mit vielen Hohlräumen
- Stiellos

VORKOMMEN

- Sommer bis Spätherbst
- Wurzelparasit/Saprobiont
- Am Fuße lebender Kiefern
- Einzeln

RIESEN-BOVIST

Calvatia gigantea
Speisepilz, Sporenpulver olivbraun

Er zählt zu den schmackhaftesten Arten der Gruppe der »Bauchpilze« und bringt gigantische Fruchtkörper hervor. Diese bevorzugen nährstoffreiche Stellen auf Wiesen und an Waldrändern.

VERWECHSLUNGSGEFAHREN

Achtung vor der Verwechslung im jungen Stadium mit dem gelblichen, dickschaligen, giftigen Kartoffelbovist (Seite 148). Ausgewachsen ist der Riesen-Bovist schon von der Größe her kaum zu verwechseln.

ERKENNUNGSMERKMALE

Fruchtkörper kugelförmig, jung außen und innen weiß, später innen olivbraun, ohne Stiel, jedoch mit Mycelsträngen am Fuß. Außenhaut jung kahl, später papierartig und stückweise abblätternd. Fleisch fest, alt weich werdend.

BESONDERHEITEN

Es wurden schon Exemplare mit einem Durchmesser von 100 cm gefunden! Der Riesen-Bovist ist mit Billionen von Sporen der wohl sporenreichste Pilz überhaupt! Junge Fruchtkörper werden am besten in Scheiben geschnitten und paniert.

WICHTIGSTE MERKMALE

- Kugelförmiger, groß werdender Pilz
- Fruchtkörper rundlich, weiß
- Fuß mit Mycelsträngen
- Fleisch jung weiß

VORKOMMEN

- Frühsommer bis Herbst
- Saprobiont
- Wiesen, Parks, Gärten
- Einzeln

FLASCHEN-STÄUBLING

Lycoperdon perlatum
Speisepilz, Sporenpulver olivbraun

Er ist häufig anzutreffen, landet aber, wenn überhaupt, nur als Mischpilz im Korb. Vor dem Verzehr sollte seine körnige Außenhaut entfernt werden.

VERWECHSLUNGSGEFAHREN

Junge Exemplare können mit den ebenfalls jungen, noch in der Gesamthülle befindlichen Knollenblätterpilzen verwechselt werden. Sollte es sich um giftige Fliegenpilze (Seite 124) handeln, sieht man im Schnitt die rote und beim tödlich giftigen Grünen Knollenblätterpilz (Seite 100) die grüne Hutlinie, wie auch den Lamellenansatz, den die Stäublinge nicht besitzen. Sie werden immer wieder mit den ebenfalls essbaren Birnen-Stäublingen verwechselt, die jedoch auf morschem Holz wachsen und eine fast glatte Oberfläche aufweisen.

ERKENNUNGSMERKMALE

Fruchtkörper in Form einer umgedrehten Flasche, jung weiß, alt meist beigegrau mit deutlichem Stiel und Kopfteil. Oberfläche mit pyramidenförmigen, spitzkegeligen, körnigen Stacheln, die bei Sporenreife abfallen und ein Netzmuster hinterlassen. Am Scheitel befindet sich eine Öffnung, bei der die Sporenstaubschicht entweicht. Fruchtmasse jung weiß, dann olivbraun.

WICHTIGSTE MERKMALE

- Pilz in Form einer umgedrehten Flasche
- Kopfteil mit pyramidenförmigen Stacheln
- Kopfteil bei Reife mit Scheitelöffnung
- Fleisch jung im Schnitt weiß

VORKOMMEN

- Frühsommer bis Spätherbst
- Saprobiont
- Generalist, auf Erde und Nadelstreu
- Einzeln

BESONDERHEITEN

Die gesamte Verwandtschaft der Stäublinge zählt zu den sogenannten »Kriegspilzen«, was so viel heißt, dass sie nur in großer Not verzehrt werden, da sie kaum Eigengeschmack besitzen.

GEWIMPERTER ERDSTERN

VERWECHSLUNGSGEFAHR

Geastrum fimbriatum
kein Speisepilz, Sporenpulver hellbraun

Die Erdsterne zählen allgemein zu den am außergewöhnlichsten geformten Pilzen überhaupt – der Film »Alien« lässt grüßen.

VERWECHSLUNGSGEFAHREN

Dieser Erdstern kann höchstens mit anderen, ebenfalls ungenießbaren Erdsternen oder dem Wetterstern verwechselt werden. Der Wetterstern schließt jedoch bei trockenem Wetter seine Arme.

ERKENNUNGSMERKMALE

Jung als geschlossene Kugel im Erdreich sitzend. Außenhülle mit hellbeigen, sternenförmig aufbrechenden, bewimperten Lappen. Innere, ungestielte Kugel (Sporensack) dunkler, bei Sporenreife am Scheitel mit fransig, gewimperter Öffnung.

BESONDERHEITEN

So mancher Spaziergänger macht sich den Spaß, den Sporenwurf mit einem Schuhdruck auszulösen. So werden verschiedene Bauchpilze bei ihrer Verbreitung unterstützt.

WICHTIGSTE MERKMALE

- Sternförmiger Bodenpilz
- Lappen sternförmig aufbrechend
- Kugel bei Reife mit Scheitelöffnung
- Innere Kugel ungestielt

VORKOMMEN

- Herbst bis Spätherbst
- Saprobiont
- Generalist, gerne bei Fichten
- Einzeln

ESELSOHR

Otidea onotica
Speisepilz, Sporenpulver weiß

Dieser Pilz zählt zu den Schlauchpilzen und ist wie die meisten von ihnen roh giftig!

WICHTIGSTE MERKMALE

- Eselsohrförmiger Pilz
- Fruchtkörper mit seitlichem Einschnitt
- Innenseite mit orangem Unterton
- Fruchtkörper fast stiellos

VORKOMMEN

- Sommer bis Spätherbst
- Saprobiont
- Generalist
- Einzeln oder in Büscheln

VERWECHSLUNGSGEFAHREN

Die Gattung der »Öhrlinge« umfasst rund 15 Arten, die ohne Einsatz eines Mikroskops kaum zu unterscheiden sind. Sie sind höchstens untereinander verwechselbar (zum Beispiel Esel- mit dem Hasenohr) oder mit Becherlingen, jedoch kaum mit Giftpilzen.

ERKENNUNGSMERKMALE

Fruchtkörper fast stiellos, ohr- bis schüsselförmig, wellig-grubig, dottergelb bis gelbbraun mit seitlichem Einschnitt in der gesamten Länge, Innenseite ockerfarbig, mit orangem Beiton. Fleisch gelbbraun und brüchig.

BESONDERHEITEN

Entgegen ihrer unscheinbaren Optik gelten Eselsohren als sehr schmackhaft. Sie sind aber selten und sollten daher geschont werden.

HERKULESKEULE

Clavariadelphus pistillaris
bedingt essbarer Speisepilz,
Sporenpulver weiß

Die Meinungen über seinen Speisewert gehen weit auseinander, daher empfehlen wir diesen exotisch anmutenden Pilz eher für das Auge und weniger für den Magen.

VERWECHSLUNGSGEFAHREN

Durch seine einzigartige Form kommen als Verwechslungspartner höchstens andere Riesenkeulenpilze wie zum Beispiel die essbare Abgestutzte Riesenkeule infrage.

ERKENNUNGSMERKMALE

Höhe bis 20 cm, Farbe jung gelblich, dann ledergelblich bis ockerbraun, erst zylindrisch, dann keulenförmig, Kopfteil stets abgerundet, Oberfläche oft gerunzelt oder grubig. Fleisch weißlich, zäh, Geschmack meist bitterlich.

BESONDERHEITEN

Trotz seiner Größe ist der Pilz im Falllaub so gut getarnt, dass er oft nur durch Zufall entdeckt wird.

WICHTIGSTE MERKMALE

- Großer, keulenförmiger Pilz
- Spitze keulenförmig
- Oberfläche gerunzelt oder grubig

VORKOMMEN

- Sommer bis Spätherbst
- Mykorrhiza-Pilz
- Im Buchenwald, gerne auf kalkhaltigen Böden
- Einzeln bis gesellig

JUDASOHR

Auricularia auricula-judae
Speisepilz, Sporenpulver weiß

Dieser Ganzjahrespilz ist häufig nach Regenperioden zu finden und aufgrund seiner Eigenschaften als Vitalpilz eine Empfehlung wert.

WICHTIGSTE MERKMALE

- Fruchtkörper ohrlappenförmig
- Außen feinfilzig
- Innen mit runzeligen »Leisten«
- Stiel kurz angedeutet

VORKOMMEN

- Ganzjährig
- Saprobiont/Parasit
- Meist an alten und abgestorbenen Holunderstämmen
- Oft gesellig

VERWECHSLUNGSGEFAHREN

Harmlose Verwechslungspartner finden sich bei den Drüslingen, die ebenfalls Totholz zersetzen. Auch der ungenießbare Gezonte Ohrlappenpilz weist eine gewisse Ähnlichkeit auf.

ERKENNUNGSMERKMALE

Fruchtkörper ohrlappenförmig, rotbräunlich, außen feinfilzig, innen glatt, glänzend, mit aderigen, runzeligen Leisten. Selten auch weiße Fruchtkörper. Stiel kurz angedeutet. Fleisch gallertig knorpelig, zäh, jedoch elastisch. Quillt nach Eintrocknung wieder auf.

BESONDERHEITEN

Größere, gezüchtete Judasohren werden oft in asiatischen Büfetts als »Chinesische Morcheln« angeboten. Sie weisen zudem einen der höchsten Eiweißgehalte aller Speisepilze auf.

RÖTLICHER GALLERTTRICHTER

Guepinia helvelloides
Speisepilz, Sporenpulver weiß

Diese pilzige Schönheit wächst entlang von kalkreichen Wegen, Forststraßen und deren unmittelbarer Umgebung und wird nur von wenigen Pilz-Sammelnden beachtet.

VERWECHSLUNGSGEFAHREN

Der Rötliche Gallerttrichter ist aufgrund seiner Färbung und des ungewöhnlichen Fruchtkörpers unverwechselbar.

ERKENNUNGSMERKMALE

Fruchtkörper jung zungenförmig, alt tütenförmig, orangerot, später matt orange. Außenseite glatt, feucht, Rand wellig und scharfkantig, einrollend, Basis weißlich. Innenseite gleichfarbig, hat bei Sporenreife einen weißen Überzug. Fleisch gallertartig bis gummiartig.

WICHTIGSTE MERKMALE

- Tütenförmiger Pilz
- Fruchtkörper orangerot
- Rand wellig und scharfkantig

VORKOMMEN

- Sommer bis Herbst
- Saprobiont
- Mischwald, Waldwege, Holzlagerstätten
- Einzeln

BESONDERHEITEN

Er wird wie der Eispilz (Zitterzahn) oft als Salatpilz gesammelt und roh verspeist. Wir raten trotzdem davon ab, rohe Waldpilze zu verspeisen!

STINKMORCHEL

Phallus impudicus
als Ei essbar, Sporenpulver olivbraun

Sie wird gerochen, bevor sie gefunden wird. Ihre stinkende Sporenmasse lockt Fliegen an, die ihre Verbreitung übernehmen.

WICHTIGSTE MERKMALE

- Geruch: ausgewachsen aasartig, widerlich
- Hut eichelförmig, mit olivgrüner Sporenmasse bedeckt
- Stiel bis 20 cm
- Hexenei kugelig-eiförmig

VORKOMMEN

- Frühsommer bis Spätherbst
- Saprobiont
- In Nadel- und Laubwäldern

VERWECHSLUNGSGEFAHREN

Die ungenießbare Hundsrute ist kleiner sowie schlanker und hat unter der Sporenmasse einen orangenen Kopfteil, der nicht deutlich vom Stiel abgesetzt ist.

ERKENNUNGSMERKMALE

Entwickelt sich unterirdisch in einer kugelig-eiförmigen, gallertartigen Masse, umgeben von einer Gesamthülle (»Hexenei«). Bei Reife platzt die Hülle, und in kurzer Zeit schiebt sich die Stinkmorchel empor. Stiel zerbrechlich, ausgewachsen bis 20 cm. Darauf eine eichelförmige, weiße Kappe, stark wabenartig vertieft, mit olivgrüner Sporenmasse bedeckt, die von Insekten gefressen wird, an der Spitze mit einem ringförmigen Scheibchen als Abschluss der Kappe.

BESONDERHEITEN

Geschlossene Hexeneier gelten überraschenderweise als Delikatessen! Zudem kann die gallertartige Masse junger Hexeneier als Hautcreme verwendet werden. Der Gestank entwickelt sich erst bei erwachsenen Pilzen.

Die ausgewachsene Stinkmorchel ist ungenieß

Alte Stinkmorcheln locken Fliegen an.

Als sogenanntes Hexenei ist die Stinkmorchel essbar.

SPEISE-MORCHEL

Morchella esculenta
Speisepilz, Sporenpulver cremefarben

Alle Morchel-Arten zählen zu den besten Speisepilzen überhaupt, sind aber allesamt roh giftig! Getrocknet sind sie besser bekömmlich und wesentlich intensiver im Geschmack.

VERWECHSLUNGSGEFAHREN

Die tödlich giftige Frühjahrs-Lorchel (Seite 128) ist ein typischer Verwechslungspartner. Diese Lorchel hat jedoch einen hirnartig gewundenen Fruchtköper, einen gekammerten Stiel und bevorzugt sandige Kiefernwälder. Verwechslungen mit weiteren giftigen Lorcheln sind möglich, aber auszuschließen, wenn alle eindeutigen Merkmale beachtet werden.

ERKENNUNGSMERKMALE

Hut hohl, rundlich bis eiförmig, manchmal sogar stumpfkegelig, goldgelb bis graugelb, mit unregelmäßig bienenwabenartig gewundenen Gruben. Stiel ebenfalls hohl, stellenweise mit rostgelben Flecken, teils leicht bepudert, Stielbasis manchmal klumpig. Fleisch weißlich, im Hut wachsartig, teils brüchig.

BESONDERHEITEN

Morcheln besitzen ein eigenes Vergiftungssyndrom, das Morchella-Syndrom, das beim Verzehr zu vieler, alter und vor allem nicht ausreichend erhitzter oder getrockneter Exemplare auftritt und neurologische sowie Magen-Darm-Probleme verursacht.

WICHTIGSTE MERKMALE

- Fruchtkörper goldgelb
- Hut bienenwabenartig gewunden
- Fruchtkörper mit Hut und Stiel
- Hut und Stiel innen hohl

VORKOMMEN

- März bis Mai
- Saprobiont
- In Auwäldern, meist bei Eschen, auf kalkhaltigem Boden
- Einzeln

Links: giftige Lorchel, rechts: Morchel

SPITZ-MORCHEL

Morchella elata
Speisepilz, Sporenpulver cremefarbig

Die Morchel-Saison wird mit der Suche nach Spitz-Morcheln begonnen. Es wurden sogar schon Funde im Januar im Schnee dokumentiert.

VERWECHSLUNGSGEFAHREN

Die tödlich giftige Frühjahrs-Lorchel (Seite 128) besitzt eine hirnartig gewundene Oberfläche. Der Hut ist mit dem Stiel tief verwachsen, und sie wächst bei Kiefern, während die Spitz-Morchel deutlich in Hut und Stiel gegliedert ist und eher auf Rindenmulch sowie entlang von Forstwegen oder in Parks wächst.

ERKENNUNGSMERKMALE

Hut typisch eiförmig bis spitzkegelig, oliv- bis schwarzgrau, mit deutlich sichtbaren, hervorgehobenen Längsrippen und tiefer verlaufenden, gleichfarbigen, weniger ausgeprägten Querrippen. Stiel hohl, weiß bis creme, leicht kleiig, älter manchmal rostgelbe Flecken bekommend. Fleisch weißlich, im Hut wachsartig brüchig, der Stiel knorpelig oder fast zäh.

BESONDERHEITEN

Nach Waldbränden wachsen Spitz-Morcheln im Folgejahr manchmal in gigantischen Massenvorkommen.

WICHTIGSTE MERKMALE

- Fruchtkörper in Hut und Stiel gegliedert
- Hut mit Längsrippen
- Stiel weißlich
- Fruchtkörper hohl

VORKOMMEN

- März bis Mai
- Saprobiont
- Auf Rindenmulch, in Parks, an Waldwegen
- Einzeln

KÄPPCHEN-MORCHEL

Morchella semilibera
Speisepilz, Sporenpulver weiß

Sie ist auch als »Halbfreie Morchel« oder »Glocken-Morchel« bekannt.

VERWECHSLUNGSGEFAHREN

Alleine durch das abstehende, nie mit dem Stiel verwachsene Käppchen, ist eine Verwechslung mit der tödlich giftigen Frühjahrs-Lorchel (Seite 128) fast unmöglich. Verwechslungen mit anderen Morcheln (Seite 240–243) sind bedenkenlos.

ERKENNUNGSMERKMALE

Hut glockig, käppchenförmig, wabenartig, hell- bis dunkelbraun, abstehend und nie mit Stiel verwachsen. Stiel weißlich bis gelblich, hohl, mit körnigen Schüppchen. Fleisch dünn, weiß, wachsartig im Hut.

WICHTIGSTE MERKMALE

- Fruchtkörper mit Hut und Stiel
- Hut käppchenförmig, nicht mit Stiel verwachsen
- Stiel mit Schüppchen
- Fruchtkörper hohl

VORKOMMEN

- April bis Mai
- Saprobiont
- Auwald, Flussauen, gerne bei Schachtelhalmen
- Einzeln

BESONDERHEITEN

Die Käppchen-Morchel ist geschmacklich minderwertiger als andere Morchel-Arten und entwickelt deutlich kleinere Fruchtkörper.

ADERIGER MORCHELBECHERLING

Disciotis venosa
Speisepilz, Sporenpulver weiß bis farblos

Er wird selten gesammelt, steht den Morcheln im Geschmack aber in nichts nach!

WICHTIGSTE MERKMALE
- Geruch nach Chlor
- Fruchtkörper kurz gestielt
- Innen braun, außen weißlich
- Rand nach innen gerollt

VORKOMMEN
- April bis Mai
- Saprobiont
- In Auwäldern, Hecken, gerne bei Morcheln
- Einzeln

VERWECHSLUNGSGEFAHREN

Der Aderige Morchelbecherling ist durch seine Farbe, den Chlorgeruch und seinen Wuchsort bestens vom Kronenbecherling (Seite 158) zu unterscheiden. Sehr ähnlich sind z. B. die auf Holz wachsenden Scheiben-Lorcheln, deren Speisewert umstritten ist.

ERKENNUNGSMERKMALE

Fruchtkörper schüssel- bis tellerförmig und sehr kurzstielig. Außenseite weißlich bis beige, mit kleiiger Oberfläche, Innenseite ocker bis braun, besonders im Zentrum faltig-geadert. Rand nach innen gerollt. Fleisch brüchig. Geruch chlorartig.

BESONDERHEITEN

Sein starker Chlorgeruch ist eine Seltenheit im Pilzreich, verliert sich aber bei der Zubereitung.

ÖSTERREICHISCHER PRACHTBECHERLING

Sarcoscypha austriac

SCHARLACHROTER KELCHBECHERLING

Sarcoscypha coccinea

Speisepilze, Sporenpulver weiß

Sie zählen zu den frühesten Speisepilzen überhaupt, wobei ihr Geschmack nett gesagt als »neutral« einzustufen ist.

VERWECHSLUNGSGEFAHREN

Makroskopisch sind diese zwei Kelchbecherlinge nicht zu unterscheiden. Giftige Verwechslungspartner gibt es alleine schon durch ihre Wuchszeit nicht.

ERKENNUNGSMERKMALE

Fruchtkörper pokal- bis schüsselförmig, Innenseite glatt, leuchtend zinnoberrot und glänzend. Außenseite rosa bis leicht rötlich, oberer Rand lange eingerollt, später abgeflacht. Oberer Rand des Fruchtkörpers farblich wie Außenseite. Stiel bei beiden Arten weiß bis gelblich, meist sehr kurz.

BESONDERHEITEN

Sie sind nur gebietsweise häufig und insgesamt als schützenswerte Arten eingestuft, weswegen sie nicht gesammelt werden sollen.

WICHTIGSTE MERKMALE

- Zinnoberrote Kelchbecherlinge
- Fruchtkörper pokalförmig
- Innenseite zinnoberrot, Außenseite heller
- Fruchtkörper fast stiellos

VORKOMMEN

- Dezember bis Mai
- Saprobiont
- Generalisten
- An toten Laubholzästen auf sandigen, kalkreichen Böden

SOMMER-TRÜFFEL

Tuber aestivum
Speisepilz, Sporenpulver gelb, braunviolett

Die im Verborgenen wachsenden Trüffel gelten als absolute Delikatesse, sind aber in Deutschland und der Schweiz streng geschützt und dürfen nicht gesammelt werden.

WICHTIGSTE MERKMALE

- Unterirdisch wachsende Fruchtkörper
- Unregelmäßig kugelig
- Oberfläche mit Warzen besetzt
- Im Schnitt im Innern mit Adern durchzogen

VORKOMMEN

- Ab Juni, Juli, reif ab September
- Mykorrhiza-Pilz
- In Eichen- und Buchenwäldern

VERWECHSLUNGSGEFAHREN

Der Sommer-Trüffel unterscheidet sich vor allem in der Farbe und Anzahl der Äderchen (Maserung) im Innern von anderen Trüffeln. Der Alba-Trüffel (weißer Trüffel) aus Italien ist schon anhand der Farbe und dem starken Geruch erkennbar.

ERKENNUNGSMERKMALE

Fruchtkörper unregelmäßig kugelig, Außenschicht schwarz mit harten, pyramidenförmigen Warzen besetzt. Fleisch sehr hart, jung weißlich, später gelblich bis dunkelbraun, mit zahlreichen weißen, labyrinthischen Adern durchzogen. Geruch knoblauch-malzartig, alt unangenehm metallisch, Geschmack mild nussig.

BESONDERHEITEN

Der eher geschmacklose Chinesische Trüffel wird seit einigen Jahren auf den europäischen Märkten in Trüffelprodukten als Sommer-Trüffel angepriesen, so werden Konsumentinnen und Konsumenten getäuscht.

Der Weiße Piemont-Trüffel gilt als Inbegriff einer Pilz-Delikatesse.

PARASOL

(RIESENSCHIRMLING)

Macrolepiota procera
Speisepilz, Sporenpulver weiß

Gemeinsam mit Steinpilzen und Pfifferlingen zählen die Riesenschirmlinge zu den beliebtesten Speisepilzen überhaupt, wobei die Gruppe der Schirmlinge aufgrund der Artenvielfalt für Anfängerinnen und Anfänger eine Herausforderung darstellt.

VERWECHSLUNGSGEFAHREN

Das wichtigste Merkmal des Parasols ist der genatterte Stiel. Fälschlicherweise sind viele Pilzsuchende der Meinung, dass alle Schirmlinge mit einem verschiebbaren Ring essbar und solche mit festsitzendem Ring (Gattung *Lepiota*) giftig sind. Dies ist nachweislich falsch, denn der Gift-Riesenschirmling (Seite 252) hat ebenfalls einen verschiebbaren Ring. Der ähnliche, essbare Olivbraune Safranschirmling (Seite 250) verfärbt sich bei Verletzung safranrötlich und hat einen glatten Stiel.

ERKENNUNGSMERKMALE

Hut jung paukenschlegelartig, älter flach werdend, mit stumpfem Buckel, Grundfarbe creme-weiß, mit nussbraunen, scholligen Schuppen, nur jung bis zum Rand reichend, Rand behangen. Lamellen weiß, frei, bauchig, weich, gedrängt stehend und mit Kollar (Kragen). Stiel hohl und faserig, weiß bis hellbräunlich, genattert, mit doppeltem, verschiebbarem Ring und knolliger Basis. Fleisch weiß.

WICHTIGSTE MERKMALE

- Großer, stattlicher Pilz
- Hut mit scholligen Schuppen
- Lamellen frei, mit Kollar (Kragen)
- Stiel genattert mit verschiebbarem, doppeltem Ring und knolliger Basis

VORKOMMEN

- Sommer bis Spätherbst
- Saprobiont
- In lichten Laub- und Nadelwäldern, Parks, an Waldrändern
- Einzeln

BESONDERHEITEN

Parasole sind roh giftig und müssen daher immer gut durchgegart werden! Allergische Reaktionen mit ihnen häufen sich. Die Stiele eignen sich getrocknet hervorragend für Pilzpulver.

OLIVBRAUNER SAFRANSCHIRMLING

Chlorophyllum olivieri
Speisepilz, Sporenpulver weiß

Der Speisewert der Safranschirmlinge ist mittlerweile umstritten, gerade in Zivilisationsnähe sollten wir sie nicht sammeln.

WICHTIGSTE MERKMALE

- Hut mit Schuppen
- Freie Lamellen
- Stiel mit verschiebbarem Ring
- Stielbasis knollig

VORKOMMEN

- Frühsommer bis Spätherbst
- Saprobiont
- Generalist, gerne in Nadelstreu
- Einzeln

VERWECHSLUNGSGEFAHREN

Der giftige Gift-Riesenschirmling (Seite 252) rötet ebenso und hat auch einen verschiebbaren Ring. Der verschiebbare Ring ist somit kein eindeutiges Merkmal für essbare Schirmlinge. Vorsicht vor tödlich giftigen Schirmlingen der Gattung *Lepiota* (Seite 108, 157) ist ebenfalls geboten!

ERKENNUNGSMERKMALE

Hut graubraun, erst gewölbt, dann ausgebreitet, mit sich überlappenden Schuppen. Lamellen weiß, frei, mit Kollar. Stiel weiß bis hellbräunlich, hohl, faserig, glatt mit verschiebbarem Ring, Basis knollig. Fleisch weiß, bei Verletzung safranrot anlaufend.

BESONDERHEITEN

Dieser Pilz wird nicht immer gut vertragen. Kleine Verzehrmengen sind generell als Test zu empfehlen.

Safranschirmlinge auf verschiedenen Entwicklungsstufen.

Im Schnitt und bei Verletzungen färben sie sich rötlich.

GIFT-RIESENSCHIRMLING

(GERANDETKNOLLIGER GARTEN-SAFRANSCHIRMLING)

VERWECHSLUNGSGEFAHR

Chlorophyllum brunneum
giftig, Sporenpulver cremefarben

»Ein Parasol in meinem Garten!!!« – Schon ist es passiert, und dieser giftige Schirmling landet in der Pfanne.

VERWECHSLUNGSGEFAHREN

Das Sammeln von Pilzen in Gärten und Komposthaufen ist generell zu unterlassen. Die Gefahr, eher ungenießbare, giftige bis sogar tödliche Arten zu finden, ist durchaus vorhanden! Dieser giftige Garten-Safranschirmling ähnelt anderen Riesenschirmlingen (z.B. dem Parasol, Seite 248), vor allem dem Olivbraunen oder Wald-Safranschirmling (Seite 250). Dieser hat jedoch eine weniger gerandete, knollige Stielbasis und wächst in Mischwäldern.

ERKENNUNGSMERKMALE

Hut halbkugelig bis ausgebreitet, schmutzig weiß bis bräunlich, mit sternförmig aufbrechenden Schuppen, Rand flockig, meist mit Fetzen behangen. Lamellen schmutzig-weiß, frei. Stiel hellgrau und glatt, ungenattert, auf Druck rotbraun verfärbend, mit verschiebbarem, wolligem und breitem Ring. Stielbasis mit stark gerandeter, abgeflachter Knolle. Fleisch weiß, bei Verletzung safranfarbig rötend, später weinrötlich.

WICHTIGSTE MERKMALE

- Hut schmutzig-weißlich mit Schuppen
- Freie Lamellen
- Stiel glatt, mit wolligem Ring
- Stielbasis mit abgeflachter Knolle

VORKOMMEN

- Sommer bis Herbst
- Saprobiont
- Auf Komposthaufen, in Parkanlagen und Gärten
- Einzeln

VERGIFTUNG: GASTROINTESTINALES SYNDROM

Dieser Pilz ist magen-darm-giftig und zeigt das gastrointestinale Syndrom mit Übelkeit, Durchfall und Erbrechen bereits nach einer Viertelstunde bis 4 Stunden. Dauerschäden sind nicht zu befürchten.

ESSBAR

SCHAF-CHAMPIGNON

(WEISSER ANIS-CHAMPIGNON)

Agaricus arvensis
Speisepilz, Sporenpulver dunkelrotbraun

Neben seinem angenehmen Geschmack zählt er auch zu den Vitalpilzen, vor allem in der Traditionellen Chinesischen Medizin.

VERWECHSLUNGSGEFAHREN

Ein giftiger Verwandter ist der Karbol-Champignon (Seite 256), der chemisch riecht und sich an der Stielbasis chromgelb verfärbt. Da sie gelegentlich auch in Wäldern wachsen, ist gerade im Jung-Stadium die Verwechslungsgefahr mit den tödlich giftigen Knollenblätterpilzen (Seite 100–105) gegeben, die eine knollige Stielbasis mit Scheide haben. Ein Blick auf die Stielbasis ist Pflicht!

ERKENNUNGSMERKMALE

Hut halbkugelig, dann abgeflacht, weiß mit gelblichem Scheitel, seidig, feinschuppig-flockig, Rand eingerollt. Lamellen frei, gedrängt stehend, jung fleischrosa, alt schokoladenbraun. Stiel weiß, im unteren Teil leicht körnig, mit deutlich zahnradartigem Ring, Stielbasis leicht knollig verdickt. Fruchtkörper bei Verletzung in allen Teilen etwas gilbend. Geruch anisartig.

BESONDERHEITEN

Wie alle Champignons akkumulieren sie verstärkt Schwermetalle aus der Umwelt und sollten nicht in der Nähe von Äckern, Straßen und Industriegebieten gesammelt werden.

WICHTIGSTE MERKMALE

- Hut, feinflockig
- Hut bei Verletzung gilbend
- Lamellen frei, fleischrosa, alt schokoladenbraun
- Stiel mit zahnradartigem Ring
- Geruch anisartig

VORKOMMEN

- Frühsommer bis Herbst
- Saprobiont
- Auf gedüngten Wiesen, Weiden, in Parks und Wäldern
- Einzeln, gerne in Hexenringen

WIESEN-CHAMPIGNON

Agaricus campestris
Speisepilz, Sporenpulver dunkelbraun

Er gilt als Kulturfolger unter den Pilzen und mag im Gegensatz zu den meisten Mykorrhiza-Pilzen nährstoffreiche Standorte.

VERWECHSLUNGSGEFAHREN

Der giftige Karbol-Champignon (Seite 256) kann an denselben Standorten erscheinen. Er verfärbt sich an der Stielbasis im Schnitt chrome-gelb und riecht nach Karbol/Tinte. Die tödlich giftigen Knollenblätterpilze (Seite 100–105) haben weiße Lamellen und eine knollige Basis mit Scheide. Auch Verwechslungen mit den leicht giftigen Egerlingsschirmlingen sind möglich.

ERKENNUNGSMERKMALE

Hut halbkugelig, älter ausgebreitet, weiß bis grauweiß, jung meist mit bräunlichen Schuppen aufbrechend. Hutrand meist mit Velum behangen, Huthaut komplett abziehbar. Lamellen frei, gedrängt stehend, jung fleischrosa, bei Sporenreife schokoladenbraun. Stiel weiß, Basis verjüngt, mit flüchtigem Ring. Fleisch weiß, unveränderlich, kein Geruch. Wächst gerne in Hexenringen.

BESONDERHEITEN

Vorsicht ist geboten, wenn die Wiesen-Champignons in der Nähe von Waldrändern wachsen. Die symbiotisch wachsenden Knollenblätterpilze könnten nämlich wegen des Wurzelwuchses der Bäume auch auf Wiesen und Weiden vorkommen.

WICHTIGSTE MERKMALE

- Hut weiß
- Hut teils mit Velum behangen
- Lamellen frei, fleischrosa, alt schokoladenbraun
- Stiel mit Ring und verjüngter Basis

VORKOMMEN

- Frühsommer bis Spätherbst
- Saprobiont
- Auf Wiesen und Weiden
- Einzeln, gerne in Hexenringen

KARBOL-CHAMPIGNON

(KARBOL-EGERLING)

VERWECHSLUNGSGEFAHR

Agaricus xanthodermus
giftig, Sporenpulver dunkelbraun

Champignons sind keine Anfänger-Pilze, auch innerhalb der Champignon-Gattung gibt es Giftpilze, auf die man achten muss!

VERWECHSLUNGSGEFAHREN

Klassische Doppelgänger sind andere essbare und giftige Champignons. Der Karbol-Champignon mischt sich gerne unter die essbaren Wiesen-Champignons oder Schaf-Champignons (Seite 254). Diese riechen nicht nach Tinte oder Karbol. Äußerste Vorsicht ist bei der Verwechslung mit tödlich giftigen Knollenblätterpilzen (Seite 100–105) geboten.

ERKENNUNGSMERKMALE

Hut kalkweiß, im Alter bis grauweiß, halbkugelig, alt ausgebreitet, mit etwas abgeflachter, meist eher etwas bräunlicher Mitte. Bei Verletzung oder Reibung der Huthaut sofort gelb werdend. Lamellen gedrängt stehend, frei, jung rosa, im Verlauf bis braunschwarz. Stiel weiß, mit gezähntem Ring. Stielbasis leicht knollig und beim Schnitt schnell chromgelb anlaufend. Nach einiger Zeit wird die gelbe Verfärbung bräunlich. Fleisch im Schnitt schwach gelblich. Geruch unangenehm karbol-tintenartig.

WICHTIGSTE MERKMALE

- Hut weiß, Mitte abgeflacht
- Hut bei Verletzung gelb werdend
- Lamellen frei, jung rosa, eng stehend
- Stiel mit Ring
- Stielbasis bei Verletzung sofort chromgelb

VORKOMMEN

- Sommer bis Spätherbst
- Saprobiont
- Generalist; gerne auf Wiesen und in Parks, aber auch im Wald
- Einzeln

VERGIFTUNG: GASTROINTESTINALES SYNDROM

Hierbei können schon nach einer halben Stunde Magen-Darm-Störungen auftreten. Schwindel, Sehstörungen und Kreislaufprobleme sind ebenfalls nicht zu unterschätzen. Der Karbolgeruch verstärkt sich beim Kochen.

KAISERLING

Amanita caesarea
Speisepilz, Sporenpulver weiß

Dieser geschützte und stark bedrohte Pilz ist eines der Highlights des gesamten Pilzreichs.

VERWECHSLUNGSGEFAHREN

Die gelbe Farbe von Lamellen, Ring und Stiel sowie die weiße, sackartige Volva unterscheiden den Kaiserling vom giftigen Fliegenpilz (Seite 124). Ansonsten sind Verwechslungen kaum möglich. Die essbaren orangenen Scheidenstreiflinge können ihnen ähneln, bevorzugen aber gänzlich andere Standorte und haben keine Manschette.

ERKENNUNGSMERKMALE

Hut gelb- bis rotorange, jung halbkugelig, dann gewölbt mit weißen Velumflocken bedeckt, Rand gerieft. Lamellen goldgelb, frei. Stiel goldgelb mit hängender, oberseits fein geriefter Manschette, Basis in einer weißen Volva steckend. Geschmack angenehm nussig.

BESONDERHEITEN

Der Kaiserling ist seit der Antike ein sehr geschätzter Speisepilz und wird trotz seiner zunehmenden Seltenheit nach wie vor als Marktpilz gehandelt. Wir raten dringend vom Sammeln ab!

WICHTIGSTE MERKMALE

- Hut gelb- bis rotorange
- Hut mit Velumflocken, Hutrand gerieft
- Freie Lamellen
- Hängende Manschette
- Stielbasis in einer weißen Volva steckend

VORKOMMEN

- Sommer bis Herbst
- Mykorrhiza-Pilz
- In Eichenwäldern, bei Esskastanien, in südlichen wärmeren Gebieten
- Einzeln

PERLPILZ

(RÖTENDER WULSTLING)

Amanita rubescens
Speisepilz, Sporenpulver weiß

Wie viele Wulstlinge stellen Perlpilze für Anfängerinnen und Anfänger durchaus eine Herausforderung dar – trotz ihrer rötlichen Färbung, die unter den Wulstlingen so nur einmal auftritt. Sie wachsen oft in Massen und sind gute Speisepilze.

VERWECHSLUNGSGEFAHREN

Der Perlpilz ist der Verwechslungspartner des Pantherpilzes (Seite 122) schlechthin. Wenn man jedoch die rötlichen Fraßstellen und die rübenartige Stielbasis des Perlpilzes beachtet, sind die Unterschiede zum Pantherpilz (mit runder abgesetzter knolliger Stielbasis) umgehend feststellbar. Auch eine Verwechslung mit dem essbaren Grauen Wulstling (Seite 262) ist möglich, bei dem jedoch bei Verletzung des Fleisches keine Rotfärbung einsetzt. Der Hutrand des Perlpilzes und des Grauen Wulstlings ist ungerieft, der Ring jedoch gerieft. Beim Pantherpilz ist es umgekehrt.

ERKENNUNGSMERKMALE

Die zwei wichtigsten Merkmale beim Perlpilz sind der rosa-rötliche bis fleischbräunliche, ungeriefte Hut mit den schmutzig-graurötlichen Flöckchen und die rötlichen Fraßstellen am Fruchtkörper. Die Haut ist leicht abziehbar. Die Lamellen sind weich, gedrängt und frei. Der Stiel ist oft rötlich feinschuppig, der Stielring ist gerieft. Die rübenartige Knolle ist feinwarzig gegürtelt. Geruch unbedeutend. Das Fleisch ist weiß und im Schnitt rötend.

WICHTIGSTE MERKMALE

- Fraß- und Schnittstellen zeigen eine Rotfärbung
- Hutrand ungerieft
- Freie Lamellen
- Stielring gerieft
- Rübenartige gegürtelte Knolle

VORKOMMEN

- Frühsommer bis Spätherbst
- Mykorrhiza-Pilz
- Generalist
- Keine besonderen Bodenansprüche
- Einzeln bis gesellig

BESONDERHEITEN

Der Perlpilz sollte gut erhitzt werden, da er roh stark giftig ist. Oft ist er madig und sein Fleisch leicht verderblich. Daher lieber junge, frische Exemplare genießen. Bei der Suche lohnt es sich, diesen Pilz vor dem Pflücken mit einem Hutschnitt auf Madengänge zu kontrollieren, ansonsten hat man zu Hause viel Ausschussware zu entsorgen.

Geriefte Manschette

GRAUER WULSTLING

Amanita excelsa
Speisepilz, Sporenpulver weiß

Eine der häufigsten Wulstlings-Arten überhaupt, die aufgrund ihrer leichten Verwechslungsmöglichkeit kaum gesammelt wird. Der Speisewert ist zudem mittelmäßig verglichen mit den vorangegangenen Verwandten. Roh ist diese Art giftig.

WICHTIGSTE MERKMALE

- Hut grau bis graubraun, mit weißen Flöckchen
- Hutrand ungerieft
- Freie Lamellen
- Stielring gerieft
- Rübenartige Knolle

VORKOMMEN

- Sommer bis Spätherbst
- Mykorrhiza-Pilz
- Generalist
- Laub- und Nadelwälder, gerne bei Fichten und Buchen
- Einzeln

VERWECHSLUNGSGEFAHREN

Eine Verwechslung mit dem Pantherpilz (Seite 122) kann fatal enden. Der Graue Wulstling besitzt am Hutrand keine Riefung, jedoch am Ring. Beim Pantherpilz ist es umgekehrt, außerdem hat er eine vom Stiel abgesetzte runde Basalknolle.

ERKENNUNGSMERKMALE

Graubrauner, ungeriefter Hut mit weißen, abwischbaren Flöckchen. Stiel weiß, Stielring gerieft, Stielbasis rübenartig. Geruch und Geschmack sind schwach rettichartig. Das Fleisch ist weiß.

BESONDERHEITEN

Extrem selten zu finden und weitestgehend unbekannt ist eine Albino-Form des Grauen Wulstlings.

FUCHSIGER SCHEIDENSTREIFLING

Amanita fulva
Speisepilz, Sporenpulver weiß

Für Kenner sind Scheidenstreiflinge gute und recht häufige Speisepilze.

WICHTIGSTE MERKMALE

- Rotbrauner Hut
- Hutrand mit deutlicher Riefung
- Lamellen weiß, frei
- Stielbasis mit sackartiger Volva
- Fleisch weiß

VORKOMMEN

- Frühsommer bis Spätherbst
- Mykorrhiza-Pilz
- Eher im Nadelwald, auf kalkreichen Böden
- Einzeln

VERWECHSLUNGSGEFAHREN

Eine Verwechslung innerhalb der Gattung der Scheidenstreiflinge ist unbedenklich, da sämtliche Arten essbar sind. Der hochgiftige Pantherpilz (Seite 122) ähnelt dem Fuchsigen Scheidenstreifling bedingt, hat jedoch zusätzlich einen Ring am Stiel und eine knollige Stielbasis. Auch auf Knollenblätterpilze muss geachtet werden, da sie durch Umwelteinflüsse ihren typischen Ring verlieren können und dann den Scheidenstreiflingen ähneln.

ERKENNUNGSMERKMALE

Hut rotbraun glänzend, Mitte dunkler mit Velumresten besetzt, jung glockig, später ausgebreitet, Rand stark gerieft. Lamellen dicht stehend, frei und weiß. Stiel nach oben verjüngt, weiß bis braunrötlich, ohne Ring, feinflockig, mit rotbrauner, sackartiger Volva. Fleisch weiß, brüchig.

BESONDERHEITEN

Gerade in (Fichten-)Nadelwäldern sind die Scheidenstreiflinge sehr häufig und kommen gerne in größeren Gruppen vor. Einige Arten können Parasol-Größe erreichen!

GROSSER SCHEIDLING

Volvopluteus gloiocephalus
Speisepilz, Sporenpulver rosa

Definitiv kein Anfänger-Pilz aus der Familie der Dachpilzverwandten. Obwohl er eine Scheide aufweist, wie einige Wulstlinge auch, ist er nicht näher mit ihnen verwandt.

VERWECHSLUNGSGEFAHREN

Die tödlich giftigen Knollenblätterpilze (Seite 100–105) sehen diesem Scheidling zum Verwechseln ähnlich. Die Knollenblätterpilze besitzen einen Ring (der jedoch abgefressen sein kann) und haben weißes Sporenpulver und immer weiße Lamellen.

ERKENNUNGSMERKMALE

Hut gewölbt, schirmartig, grauweiß bis olivbraun und schmierig. Lamellen jung weißlich, bald fleischrosa, frei. Stiel weiß, leicht bräunend, unberingt, in einer häutigen, weißen Scheide (oft tief im Boden) steckend.

BESONDERHEITEN

Große Scheidlinge kommen manchmal in Massen hervor, auch auf landwirtschaftlichen Flächen, sollten dort aber nicht gesammelt werden.

WICHTIGSTE MERKMALE

- Großer, schmieriger Pilz
- Hut schirmartig
- Lamellen weiß, später fleischrosa
- Stiel ohne Ring, in einer Scheide steckend

VORKOMMEN

- Frühling bis Spätherbst
- Saprobiont
- Auf Äckern, Feldern, Rindenmulch und Komposthaufen
- Einzeln

REIFPILZ

(ZIGEUNER)

Cortinarius caperatus
Speisepilz, Sporenpulver hellbraun

Für uns eine der wenigen essbaren und leicht erkennbaren Arten der riesigen Familie der Schleierlinge.

WICHTIGSTE MERKMALE

- Robuster Fruchtkörper
- Hut mit Reif überzogen
- Lamellen blassbeige
- Stiel mit häutigem Ring

VORKOMMEN

- Sommer bis Herbst
- Mykorrhiza-Pilz
- In Nadelwäldern häufiger, auch bei Rotbuchen
- Einzeln

VERWECHSLUNGSGEFAHREN

Besitzt der Reifpilz seine typischen Ausprägungen, ist er kaum verwechselbar. Verwechslungen mit giftigen Schleierlingen (z. B. Seite 76, 114, 146), Giftchampignons (z. B. Seite 256) und dem Riesen-Rötling (der jedoch keinen Ring besitzt, Seite 140) sind eher nur theoretisch möglich.

ERKENNUNGSMERKMALE

Hut mit hellbraunem, typisch silbrigweißem Reif überzogen, jung glockig, später ausgebreitet und radial eingerissen. Lamellen blassbeige, ausgebuchtet angewachsen. Stiel faserig, weißlich bis hellbraun, mit hängendem, häutigem, weißem Ring. Fleisch weiß, jung fest und im Alter weich.

BESONDERHEITEN

Ein sehr guter Speisepilz, der in Nadelwäldern durchaus als Massenpilz vorkommt.

ZIEGELGELBER SCHLEIMKOPF

ESSBAR

Cortinarius varius
Speisepilz, Sporenpulver rostbraun

Ein essbarer Schleierling, der immer wieder gefunden wird, aber nur von Fachleuten gegessen werden sollte.

VERWECHSLUNGSGEFAHREN

Innerhalb der Schleimköpfe ist eine Verwechslung immer möglich. Äußerste Vorsicht ist vor dem stark giftigen Dottergelben Klumpfuß (Seite 114) geboten. Dieser ist im Schnitt jedoch gelbfleischig.

ERKENNUNGSMERKMALE

Hut gelbbraun, Mitte dunkler, schleimig-schmierig, jung halbkugelig, dann ausgebreitet, Rand eingerollt. Lamellen jung lilablau, im Alter violettbraun, am Stiel ausgebuchtet angewachsen. Stiel weißlich mit bräunlicher Ringzone, Basis keulig verdickt. Jung durch Schleier mit Hut verbunden. Fleisch fest und weiß.

BESONDERHEITEN

Die Unterscheidung der vielen Arten ist schwierig, generell sollten wir Schleierlinge mit gelbem, orangem und rotem Fleisch meiden.

WICHTIGSTE MERKMALE

- Schleimiger, robuster Fruchtkörper
- Hut mit eingerolltem Rand
- Lamellen lilablau bis violettbraun
- Stielbasis mit bräunlicher Ringzone
- Fleisch weiß

VORKOMMEN

- Sommer bis Spätherbst
- Mykorrhiza-Pilz
- Im Nadelwald auf kalkhaltigen Böden
- In Gruppen

HAARSCHLEIERLINGE

SCHLEIEREULE

Cortinarius praestans
Speisepilz, Sporenpulver rostbraun

Die wahrscheinlich größte Schleierlings-Art überhaupt und essbar dazu.

VERWECHSLUNGSGEFAHREN

Junge Exemplare können mit dem giftigen Lila Dickfuß mit safrangelbem Fleisch oder dem ebenfalls giftigen Bocks-Dickfuß (Seite 146) mit hellviolettem Fleisch und Ziegenbockgeruch verwechselt werden.

ERKENNUNGSMERKMALE

Hut schokoladenbraun, schleimig, jung halbkugelig, alt flach, mit weißvioletten Flöckchen. Lamellen grauviolett, gerade angewachsen, jung mit weißem Haarschleier. Stiel bis 25 cm lang, silbrig-violett, mit dunkler Ringzone, Basis bauchig. Fleisch fest und weiß, im Hut mit Blauschimmer.

WICHTIGSTE MERKMALE

- Schleimiger, robuster Fruchtkörper
- Hut mit Flöckchen
- Stiel mit dunkler Ringzone
- Stielbasis bauchig

VORKOMMEN

- Sommer bis Spätherbst
- Mykorrhiza-Pilz
- In kalkhaltigen feuchten Laubwäldern, gerne bei Buchen
- Einzeln

BESONDERHEITEN

Es empfiehlt sich, am Fundort jegliche schleimige Haut zu entfernen, da diese beim Kochen zäh wird.

DUNKELVIOLETTER SCHLEIERLING

Cortinarius violaceus

DUNKELVIOLETTER NADELWALDSCHLEIERLING

Cortinarius hercynicus

minderwertige Speisepilze,
Sporenpulver rostbraun

Diese prächtigen violetten Pilze sind ein wahrer Augenschmaus – ihr Speisewert ist gering, wobei sie einen hohen Eisengehalt aufweisen.

VERWECHSLUNGSGEFAHREN

Achtet man auf das im ganzen Habitus violette Aussehen, die filzig-schuppige Hutoberfläche und den Zedernholz-Geruch, ist eine Verwechslung mit Giftpilzen kaum möglich. Der ebenfalls essbare Violette Rötelritterling (Seite 272) hat leicht ablösbare Lamellen.

ERKENNUNGSMERKMALE

Hut dunkelviolett, mit filzig-schuppiger Oberfläche, jung halbkugelig, dann gewölbt. Lamellen violett bis braunschwarz, ausgebuchtet angewachsen. Stiel ebenfalls violett, durch Sporenpulver teils braun verfärbt, Basis keulig verdickt. Fleisch hellviolett.

BESONDERHEITEN

Wegen ihres umstrittenen Geschmacks sollten wir nur kleine Mengen in Mischgerichten verwenden.

WICHTIGSTE MERKMALE

- Violetter Pilz
- Hut mit filziger Oberfläche
- Lamellen violett
- Stielbasis verdickt
- Fleisch hellviolett

VORKOMMEN

- Sommer bis Spätherbst
- Mykorrhiza-Pilz
- Generalist
- Einzeln

MAIRITTERLING

(MAIPILZ)

Calocybe gambosa
Speisepilz, Sporenpulver weiß

Der auch »Georgsritterling« genannte Pilz (erscheint in der Zeit um diesen Namenstag) zählt zu den geschmacklichen Highlights des ansonsten eher kargen Pilzfrühlings.

VERWECHSLUNGSGEFAHREN

Zur gleichen Zeit wächst der tödlich giftige Ziegelrote Risspilz (Seite 118). Er ähnelt dem Mairitterling im jungen Stadium, im älteren Stadium verfärbt sich jedoch der Risspilz ziegelrot. Der tödlich giftige Riesen-Rötling (Seite 140) sieht ihm zum Verwechseln ähnlich.

ERKENNUNGSMERKMALE

Hut creme-weißlich bis bräunlich, erst halbkugelig mit eingerolltem Rand, alt verflachend, stumpf gebuckelt, mit welligem Rand. Lamellen weißlich, gedrängt und ausgebuchtet angewachsen. Stiel weißlich, zur Basis keulig verdickt. Geruch mehlig bis salatgurkenartig.

BESONDERHEITEN

Mairitterlinge bilden oft riesige Hexenringe in Wiesen, die sogar von Google Maps aus zu sehen sind – ein sensationeller Anblick.

WICHTIGSTE MERKMALE

- Im Frühling wachsender Pilz
- Hut creme-weißlich
- Lamellen ausgebuchtet angewachsen
- Stiel gegen die Basis keulig
- Geruch nach Gurken oder Mehl

VORKOMMEN

- Frühling bis Frühsommer
- Saprobiont
- An Waldrändern, in Wiesen
- Einzeln, gerne in Hexenringen

Verwechslungsgefahr:
junge Ziegelrote Risspilze

Verwechslungsgefahr: Riesen-Rötlinge

ESSBAR

RITTERLINGE

GIFTIG

RISSPILZE/RÖTLINGE

RÖTELRITTERLINGE

Gattung *Lepista*
Speisepilze, Sporenpulver hell, variabel

Unter den mehr als 15 Rötelritterlingsarten, die alle essbar sind, gibt es einige sehr gute Speisepilze.

VERWECHSLUNGSGEFAHREN

Die Rötelritterlinge haben zwei gemeinsame Bestimmungsmerkmale: Sie sind vorwiegend Herbstpilze und haben verschiebbare, leicht vom Fleisch ablösbare Lamellen. Eine Verwechslung mit Giftpilzen kann man somit eingrenzen, sie ist jedoch mit den beiden giftigen Schleierlingen Bocks-Dickfuß (Seite 146) und Lila Dickfuß leicht möglich. Die häufigen Nebelkappen sind oftmals Nachbarn und mittlerweile als giftverdächtig eingestuft.

ERKENNUNGSMERKMALE

Hut – je nach Art – weißlich, bräunlich und in allen Violetttönen, gewölbt bis flach werdend, oft etwas trichterartig, teils mit welligem Rand und glänzend, nicht hygrophan. Lamellen eher gedrängt stehend, teils ausgebuchtet angewachsen bis herablaufend. Stiele in diversen Farbvariationen möglich, Basis teils mit weißem Mycelfilz. Fleisch weiß bis lila. Geruch häufig süßlich.

BESONDERHEITEN

Rötelritterlinge gelten auch als Vitalpilze, ihnen wird eine bluthochdrucksenkende Wirkung attestiert.

WICHTIGSTE MERKMALE

- Hüte in diversen Farben
- Hut teils trichterförmig
- Lamellen verschieb- und ablösbar
- Stiel teils mit Mycelfilz
- Geruch oft süßlich parfümiert

VORKOMMEN

- Herbst bis Spätherbst
- Saprobionten
- Generalisten, auf Laub- und Nadelstreu und Gras
- Einzeln

Lilastiel-Rötelritterling

Achtung auf violette Schleierlinge!

SCHWARZFASERIGER RITTERLING

Tricholoma portentosum
Speisepilz, Sporenpulver weiß

Dieser eher unbekannte Pilz des Spätherbstes hat durchaus einen hohen Speisewert.

WICHTIGSTE MERKMALE

- Schwarzfaseriger Hut
- Hut mit stumpfem Buckel
- Lamellen weiß, dann grüngelblich
- Stiel gelblich
- Fleisch weiß

VORKOMMEN

- Herbst bis Winter
- Mykorrhiza-Pilz
- Eher im Nadelwald, auf kalkreichen Böden
- Einzeln

VERWECHSLUNGSGEFAHREN

Der Seifen-Ritterling (Seite 156) wie auch der Tiger-Ritterling (Seite 142) sind gängige und gefährliche Verwechslungspartner. Vor dem Verzehr empfehlen wir, das Sammelgut von Pilzsachverständigen überprüfen zu lassen.

ERKENNUNGSMERKMALE

Hut grau bis schwarzbraun mit violettgelbem Schimmer, polsterförmig, dann gewölbt mit stumpfem Buckel. Hut bei Feuchtigkeit klebrig, mit schwarzen Fasern gestreift. Lamellen jung weiß, alt gelbgrünlich, ausgebuchtet angewachsen. Stiel weiß, gelbgrün fleckend, im Alter hohl. Fleisch weiß. Geruch mehlig oder gurkenartig.

BESONDERHEITEN

Er kann selbst nach den ersten Frösten noch gefunden werden, daher wird er auch »Schnee-Ritterling« genannt.

PURPURFILZIGER HOLZRITTERLING

Tricholomopsis rutilans
minderwertiger Speisepilz,
Sporenpulver weiß

Geschmacklich ist er säuerlich, eher unbedeutend und höchstens als Mischpilz zu verwenden. Optisch zählt er zu den buntesten Pilzen überhaupt.

VERWECHSLUNGSGEFAHREN

Verwechslungen mit dem Olivgelben Holzritterling, dem sehr ähnlichen psilocybinhaltigen Rotschuppigen Flämmling und dem etwas kleineren giftigen Rotschuppigen Raukopf sind möglich. Der giftige Ölbaumtrichterling (Seite 138) kann eine gewisse Ähnlichkeit aufweisen.

ERKENNUNGSMERKMALE

Hut polsterförmig, mit gelblicher Grundfarbe und weinrötlichen, vergänglichen Schüppchen. Junge Fruchtkörper erscheinen fast rötlich. Lamellen gelblich, ausgebuchtet angewachsen. Stiel wie der Hut gefärbt, oft etwas exzentrisch. Fleisch gelb und saftig.

BESONDERHEITEN

Er wächst gerne auf Hauptwurzeln von abgestorbenen Nadelbäumen und daher nur scheinbar auf dem Boden.

WICHTIGSTE MERKMALE

- Hut mit gelblicher Grundfarbe
- Hut mit rötlichen Schüppchen
- Lamellen gelblich
- Stiel in Hutfarbe
- Fleisch gelb

VORKOMMEN

- Frühsommer bis Spätherbst
- Saprobiont
- Auf totem Nadelholz
- Oft büschelig, auch einzeln

GRÜNER ANIS-TRICHTERLING

Clitocybe odora
Speisepilz, Sporenpulver cremerosa

Er riecht stark nach Anis. Manche verbinden diesen Geruch auch mit Marzipan und Lebkuchen. Er ist einer der wohlriechendsten Pilze überhaupt.

VERWECHSLUNGSGEFAHREN

Gerade im jungen Stadium ist generell große Vorsicht bei hellen und weißen, zum Teil tödlich giftigen Trichterlingen (Seite 116) geboten! Der giftige, weiße Anis-Trichterling etwa hat denselben Geruch und muss trotz seines Farbunterschieds als gefährlicher Verwechslungspartner berücksichtigt werden.

ERKENNUNGSMERKMALE

Hut graublau bis blaugrün, erst gewölbt, dann ausgebreitet und leicht vertieft, wellig verformt. Lamellen jung cremefarben, dann meist hutfarben, gedrängt stehend, am Stiel kurz herablaufend. Stiel kurz, bereift, blasser als der Hut, mit weißem Mycelfilz. Geruch stark nach Anis.

BESONDERHEITEN

Da auch der Geschmack stark anisartig ist, sollten nur kleine Mengen verwendet werden. Mutige verarbeiten den Pilz in Süßspeisen.

WICHTIGSTE MERKMALE

- Geruch: stark nach Anis
- Hut ausgewachsen blaugrün
- Lamellen kurz herablaufend
- Stiel kurz, Basis weißfilzig

VORKOMMEN

- Spätsommer bis Spätherbst
- Saprobiont
- In Nadel- und Laubwald
- Einzeln

MÖNCHSKOPF

Infundibulicybe geotropa
Speisepilz, Sporenpulver weiß

Der Mönchskopf gilt als guter Speisepilz, zählt zu den größten Trichterlingsarten und kann tellergroße Köpfe ausbilden.

WICHTIGSTE MERKMALE

- In Hexenringen wachsender Pilz
- Hut mit Buckel
- Lamellen stark herablaufend
- Stiel mit keuliger Basis

VORKOMMEN

- Sommer bis Spätherbst
- Saprobiont
- Mischwald, auf kalkreichen Böden
- Einzeln/Hexenringe

VERWECHSLUNGSGEFAHREN

Große Exemplare des tödlich giftigen Bleiweißen Trichterlings (Seite 116) sehen ähnlich aus wie junge Mönchsköpfe. Die folgenden Merkmale sollten genau studiert werden.

ERKENNUNGSMERKMALE

Hut weiß bis cremefarben, jung mit gewölbtem Buckel, dann trichterförmig mit kleinem zentralem Buckel, Rand lange und eingerollt. Lamellen elfenbeinfarbig, gedrängt stehend, stark herablaufend. Stiel in Hutfarben, gegen die Basis leicht keulig. Fleisch außen hart und innen weich, cremeweißlich. Geruch süßlich, nach Jasmin.

BESONDERHEITEN

Mönchsköpfe leben gerne gesellig und können gigantische Hexenringe mit mehreren Metern Durchmesser ausbilden.

STOCKSCHWÄMMCHEN

Kuehneromyces mutabilis
Speisepilz, Sporenpulver rostbraun

Die Stockschwämmchen kommen häufig auf totem Laubholz vor, büschelig und durchaus in großen Mengen. Sie sind jedoch definitiv keine Anfänger-Pilze und haben einen tödlichen »Zwilling«.

WICHTIGSTE MERKMALE

- Meist büschelig wachsend
- Hut gelbbraun, hygrophan
- Lamellen blassbraun
- Stiel mit abstehenden Schüppchen

VORKOMMEN

- Ganzjährig, im Winter überständige Exemplare
- Saprobiont
- Auf totem Laubholz, selten auf Nadelholz
- Meist büschelig

VERWECHSLUNGSGEFAHREN

Eine Verwechslung mit dem tödlich giftigen Gift-Häubling (Seite 106) kann praktisch nur anhand der Beachtung des silbrig überfaserten Stiels des Häublings vermieden werden. Beide Arten können an ein und demselben Holz-Stumpf wachsen, weshalb jedes Exemplar kontrolliert werden muss!

ERKENNUNGSMERKMALE

Hut jung halbkugelig, alt flach mit stumpfem Buckel, gelbbraun und hygrophan, fettig glänzend. Lamellen blassbraun, gedrängt stehend. Stiel oberhalb des häutigen Rings hell cremefarben, unterhalb braun mit abstehenden Schüppchen.

BESONDERHEITEN

Stockschwämmchen gelten als ausgezeichnete Speisepilze und werden gerne in Suppen verarbeitet. Roh sind sie giftverdächtig.

Links Stockschwämmchen, rechts Gift-Häubling

ESSBAR

GEMEINER HALLIMASCH

(DUNKLER HALLIMASCH)

Armillaria ostoyae
Speisepilz, Sporenpulver weiß

Ein Pilz der Superlative – er erreicht oftmals gigantische Ausmaße und erscheint zur Herbstzeit in riesigen Vorkommen.

VERWECHSLUNGSGEFAHREN

Es gibt viele heimische Hallimasch-Arten, den bedingt essbaren Honiggelben Hallimasch erkennt man am gelblichen Ring. Die giftverdächtigen Schüpplinge haben in allen Teilen Schüppchen und braunes Sporenpulver. Tödlich enden kann die Verwechslung mit dem Gift-Häubling (Seite 106). Auch büschelig wachsende Schwefelköpfe (z.B. Seite 150) könnten mit dem Hallimasch verwechselt werden.

ERKENNUNGSMERKMALE

Hut anfangs halbkugelig mit stumpfem Buckel, später flach werdend, alt etwas vertieft, fleisch- bis rotbraun, mit feinen abwischbaren, vergänglichen, dunklen Schüppchen bedeckt. Lamellen angewachsen, weißlich, später rotbräunlich werdend, relativ dicht stehend. Stiel mit bräunlichen Schüppchen bedeckt und watteartigem, weißem Ring, Stielspitze heller. Fleisch weißlich, Pilzgeruch.

WICHTIGSTE MERKMALE

- Meist büscheliger, auf Holz wachsender Pilz
- Hut mit abwischbaren Schüppchen
- Stiel mit watteartigem Ring
- Stielspitze heller

VORKOMMEN

- Sommer bis Herbst
- Saprobiont/Parasit
- Auf totem und lebendem Nadelholz
- In Büscheln, seltener einzeln

BESONDERHEITEN

Er wird nicht von allen Personen vertragen, daher sollten zum Ausprobieren lediglich junge Hüte in kleineren Mengen verzehrt werden. Er ist roh stark giftig und kann zu Magen-Darm-Problemen führen.

WEITERE LAMELLENPILZE

GEFLECKTER FLÄMMLING

VERWECHSLUNGSGEFAHR

Gymnopilus penetrans
giftig, Sporenpulver gelbbraun

Bei kleinen bräunlichen Pilzen, die auf Totholz wachsen, ist generell Vorsicht geboten.

VERWECHSLUNGSGEFAHREN

Diese Art sieht vielen, oft giftigen Flämmlingen, Häublingen und Schüpplingen ähnlich. Möglicherweise gefährlich wäre eine Verwechslung mit dem essbaren Stockschwämmchen (Seite 278). Auch der tödlich-giftige Gift-Häubling (Seite 106) sieht den Flämmlingen ähnlich.

ERKENNUNGSMERKMALE

Hut rost-gelb bis orangefuchsig, Mitte dunkler, jung halbkugelig, alt meist ausgebreitet. Lamellen gedrängt angewachsen und leicht herablaufend, jung hellgelb, bald orange und rostfleckig. Stiel blass gelblich, vom Velum silbrig-weiß überfasert. Basis leicht verdickt und mit Myzelfilz behangen.

WICHTIGSTE MERKMALE

- Auf Nadelholz jeglicher Art
- Hut rost-gelb
- Lamellen rostfleckig
- Stiel silbrig-weiß überfasert

VORKOMMEN

- Sommer bis Spätherbst
- Saprobiont
- Morsches Nadelholz, Rindenschrot
- Einzeln, aber auch büschelig

BESONDERHEITEN

Einige Flämmlinge werden zur Färbung von Textilien verwendet, sie ergeben verschiedene Gelbtöne.

SPARRIGER SCHÜPPLING

VERWECHSLUNGSGEFAHR

Pholiota squarrosa
gift-verdächtig, Sporenpulver rostbraun

Diese herbstliche Schönheit wächst gerne in großen Büscheln und imponiert durch eine intensive Färbung.

VERWECHSLUNGSGEFAHREN

Verwechslungen mit anderen ungenießbaren oder giftverdächtigen Schüpplingen sowie dem essbaren Gemeinen Hallimasch (Seite 280) sind möglich. Der Hallimasch hat jedoch weißes Sporenpulver, weniger Gelbtöne und einen weniger rauen Kopf.

ERKENNUNGSMERKMALE

Hut strohgelb, jung kugelig, später abgeflacht, mit sparrigen Schuppen. Lamellen gelbbraun, breit angewachsen, im Alter braun. Stiel mit Ringzone, büschelig, hutfarben, in allen Teilen sparrig schuppig.

WICHTIGSTE MERKMALE

- Büscheliger Parasit
- Hut mit Schuppen
- Lamellen breit angewachsen
- Stiel mit Ringzone, sparrig schuppig

VORKOMMEN

- Spätsommer bis Spätherbst
- Parasit im Wurzel- und unteren Stammbereich, verursacht Weißfäule
- Laubwald, Streuobstwiesen, Gärten

BESONDERHEITEN

Vor allem in Verbindung mit Alkohol und zu wenig gegart kann es zu Magen-Darm- und Verdauungsstörungen kommen.

VOREILENDER ACKERLING

(FRÜHER ACKERLING)

Agrocybe praecox
minderwertiger Speisepilz,
Sporenpulver rostbraun

Er ist kein besonders beliebter Speisepilz, da sein Geschmack bitter und er oft vermadet ist.

VERWECHSLUNGSGEFAHREN

Dieser Ackerling kann in typischer Ausprägung höchstens mit anderen essbaren bzw. ungenießbaren Ackerlingen verwechselt werden.

ERKENNUNGSMERKMALE

Hut cremefarben bis milchkaffeebraun, jung halbkugelig, dann ausgebreitet bis flach. Lamellen ausgebuchtet angewachsen, jung hellgraubraun, später tabakbraun. Stiel mit weißem, häutigem, vergänglichem Ring. Stielbasis knollig mit kurzen Rhizomorphen. Geruch kakaoähnlich, Geschmack mehlartig und bitter.

BESONDERHEITEN

Auf der Suche nach Spitzmorcheln kann dieser Pilz öfter am selben Ort auf Rindenmulch gefunden werden.

WICHTIGSTE MERKMALE

- Wächst schon ab April
- Hut cremefarben bis milchkaffeebraun
- Lamellen ausgebuchtet angewachsen
- Stiel mit häutigem Ring

VORKOMMEN

- Frühling bis Sommer
- Saprobiont
- Waldwege, Gärten, Parks, gerne auf Rindenmulch
- Einzeln, in Gruppen

BEHANGENER FASERLING

Psathyrella candolleana
Speisepilz, Sporenpulver violett-dunkelbraun

Ein Speisepilz nur für Fortgeschrittene, bei dem diverse gesundheitsförderliche Inhaltstoffe nachgewiesen wurden.

WICHTIGSTE MERKMALE

- Hellbrauner, brüchiger Pilz
- Hutrand mit Velum behangen
- Lamellen weißlich bis grauviolett
- Stielbasis rostbraun

VORKOMMEN

- Frühjahr bis Spätherbst
- Saprobiont
- Mischwald, Gärten, Parks und Wiesen
- Einzeln, aber auch büschelig

VERWECHSLUNGSGEFAHREN

Für Neulinge gibt es bei diesem Faserling sehr viele – auch giftige – Verwechslungsmöglichkeiten in verschiedenen Pilzfamilien.

ERKENNUNGSMERKMALE

Hut hellbraun, jung gewölbt, dann ausgebreitet, Velum weiß, jung den ganzen Hut überziehend. Rand mit Velumresten behangen. Lamellen jung weißlich, dann grauviolett, gedrängt stehend. Stiel zerbrechlich, hohl, längs überfasert, Basis rostbraun.

BESONDERHEITEN

Dieser Faserling ist sehr dünnfleischig, daher ist er als Speisepilz nicht besonders beliebt. Man findet ihn im Mai massenweise.

BRAUNER BÜSCHEL-RASLING

Lyophyllum decastes
Speisepilz, Sporenpulver weiß

Ein überaus ergiebiger Pilz, der an so manchem Wegrand imposante Fruchtkörper hervorbringt und ein eher unbekanntes Highlight im Pilz-Herbst darstellt.

VERWECHSLUNGSGEFAHREN

Seine Verwandten (Panzer-Rasling, Frost-Rasling) sind sehr ähnlich und ebenfalls essbar. Von Neulingen kann er mit giftigen Rötlingen (rosa Sporen und nicht büschelig wachsend) verwechselt werden. Achtung auch vor der Verwechslung mit dem giftverdächtigen Gemeinen Erd-Ritterling (Seite 132).

ERKENNUNGSMERKMALE

Hut anfangs gewölbt, dann verflachend, wellig verbogen, gelb bis bräunlich. Lamellen weiß bis creme, gedrängt, ausgebuchtet angewachsen. Stiel schmutzig weißlich, zur Basis zuspitzend, meist in großen, dichtgedrängten Büscheln, aus einem Strunk wachsend.

BESONDERHEITEN

Dieser Pilz wird von Liebhabern wegen seines angenehmen Geschmacks und des festen Fleisches sehr geschätzt.

WICHTIGSTE MERKMALE

- Hut gelb bis bräunlich
- Lamellen ausgebuchtet angewachsen
- Stiele büschelig, mit anderen verwachsen

VORKOMMEN

- Spätsommer bis Spätherbst
- Saprobiont
- Weg- und Wiesenränder, in Parks

GROSSER MEHL-RÄSLING

Clitopilus prunulus
Speisepilz, Sporenpulver rosa

Dieser leicht zu verwechselnde, aber gute Speisepilz hat für alle Steinpilzliebhabende eine besondere Rolle – siehe unten.

WICHTIGSTE MERKMALE

- Geruch mehlig-gurkig
- Hut kreideweiß
- Lamellen herablaufend
- Stielbasis weißfilzig

VORKOMMEN

- Frühsommer bis Spätherbst
- Mykorrhiza-Pilz
- Nadel- und Laubwald
- Einzeln

VERWECHSLUNGSGEFAHREN

Die Verwechslung mit diversen kleinen, weißen Trichterlingen, insbesondere mit dem Bleiweißen Trichterling (Seite 116) kann tödlich enden. Junge Mehl-Räslinge haben noch keinen Rosa-Schimmer in den Lamellen und sind für Neulinge praktisch nicht unterscheidbar. Wer sie essen möchte, muss sämtliche Merkmale genau beachten.

ERKENNUNGSMERKMALE

Hut kreideweiß, im Alter gelblich-beige, bereift, jung gewölbt, dann manchmal trichterförmig. Rand unregelmäßig, lange eingebogen. Lamellen jung weiß, dann rosa, deutlich herablaufend, Stiel bisweilen etwas exzentrisch, Basis weißfilzig. Fleisch weich. Geruch stark mehlig-gurkig.

BESONDERHEITEN

Sie gelten vor den Pfefferröhrlingen und Fliegenpilzen als *die* Steinpilzanzeiger schlechthin, da vermutet wird, dass sie auf deren Myzel parasitieren.

ECHTER KNOBLAUCH-SCHWINDLING

(ECHTER MOUSSERON)

Mycetinis scorodonius
Speisepilz, Sporenpulver weiß

Er zählt zu den besten Gewürzpilzen überhaupt und verrät sich oft schon von Weitem durch sein starkes Knoblauch-Aroma. Einer der wenigen Pilze, die wirklich mit der Nase gefunden werden können!

VERWECHSLUNGSGEFAHREN

Kein Anfängerpilz! Sehr viele kleine braune Pilzarten können ähnlich aussehen. Ebenfalls nach Knoblauch riechen auch der Große sowie der Langstielige Knoblauch-Schwindling. Diese wachsen jedoch auf altem Laub-Streu bzw. vergrabenem Holz, sind jedoch in größeren Mengen unverträglich. Einzeln verwenden wir auch diese Arten als Würzpilze. Die sehr ähnlichen Stink-Schwindlinge gleichen ihnen in der Erscheinung, allerdings sind sie meist etwas kleiner, und ihnen fehlt der typische Knoblauchgeruch.

ERKENNUNGSMERKMALE

Hut creme-weißlich bis blassbraun, bald uneben flach werdend, oft runzelig, Rand leicht gerieft. Lamellen weißlich, entfernt stehend, ausgebuchtet angewachsen. Stiel rotbraun, biegsam, Basis fast schwarz. Geruch und Geschmack nach Knoblauch.

BESONDERHEITEN

Er wächst vorwiegend auf alten Fichtennadeln und Holzresten, die ebenso wie die Stiele beim Sammeln abgetrennt werden sollten.

WICHTIGSTE MERKMALE

- Geruch nach Knoblauch
- Hut uneben flach
- Lamellen entfernt stehend
- Stiel oben rotbraun, im unteren Teil schwarz

VORKOMMEN

- Sommer bis Spätherbst
- Saprobiont
- Gerne auf Nadelstreu von Fichten
- Einzeln, gerne gesellig

Der echte Knoblauchschwindling mit typischem Farbverlauf

Der Langstielige Knoblauchschwindling ist wesentlich größer und wächst im Laubwald.

ESSBAR

UNVERTRÄGLICH

WEITERE LAMELLENPILZE

SCHOPF-TINTLING

Coprinus comatus
Speisepilz, Sporenpulver schwarz

Für uns die einzige empfehlenswerte Art unter den Tintlingen – dafür ist sie ein geschmackliches Highlight.

VERWECHSLUNGSGEFAHREN

Eine Verwechslung mit dem Falten-Tintling und dem ungenießbaren Specht-Tintling ist möglich. Der Falten-Tintling hat einen glatten, faltigen, graubraunen Hut und einen Ringwulst an der Stielbasis, weshalb er auch Knotentintling genannt wird. Er wächst gerne büschelig.

ERKENNUNGSMERKMALE

Hut weiß bis cremeweiß, mit dachziegelartig angeordneten, aufbrechenden Schuppen, jung eiförmig, später walzenförmig, alt ausgebreitet und Rand während des Zersetzens aufrollend. Lamellen gedrängt, frei, jung weiß, dann über rosa zu schwarz verfärbend. Im Endstadium tintenartig auflösend. Stiel hohl, mit flüchtigem, beweglichem Ring, zylindrisch, weiß, später rötend, im Alter schwarz zerfließend, Basis leicht verdickt.

BESONDERHEITEN

Nur jung essbar, solange die Lamellen noch weiß sind, bevor die Tintenbildung beginnt. Eine Verwechslung mit dem Falten-Tintling in Verbindung mit Alkohol, drei Tage vor und nach dem Verzehr, führt nach Minuten bis zu einer Stunde zu plötzlicher Hautrötung, Schweißausbruch, Schwindel bis zu Herzrhythmusstörungen (Coprinus-Syndrom).

WICHTIGSTE MERKMALE

- Walzenförmig aufrechter Pilz
- Hut mit Schuppen
- Freie Lamellen
- Stiel mit flüchtigem Ring
- Stielbasis leicht verdickt

VORKOMMEN

- Frühling bis Spätherbst
- Saprobiont
- Generalist
- Auf nährstoffhaltigen Wiesen, Parks, an Waldwegen, in Gärten
- Einzeln, in Gruppen

Verwechslungsgefahr: Grauer Falten-Tintling

Sobald Schopf-Tintlinge rosa oder schwarze Verfärbungen zeigen, sind sie ungenießbar.

NELKEN-SCHWINDLING

Marasmius oreades
Speisepilz, Sporenpulver weiß

Ein schmackhafter Wiesenpilz, der mit Sommerbeginn gerne nach der ersten Mahd erscheint.

VERWECHSLUNGSGEFAHREN

Kein Anfängerpilz! Generelle Vorsicht vor Verwechslungen mit giftigen kleinen braunen Pilzen, die auf Wiesen oder an Waldrändern vorkommen können.

ERKENNUNGSMERKMALE

Hut gelb bis ockerbraun, erst glockig, dann ausgebreitet, mit stumpfem Buckel, Rand gekerbt, hygrophan. Lamellen cremefarbig, ausgebuchtet angewachsen. Stiel weißlich bis ockerbräunlich, sehr zäh und biegsam. Geruch aromatisch, nach Gewürznelken.

BESONDERHEITEN

Sieht man schon von Weitem in einer Wiese einen Hexenring, kann dies auf das Vorkommen von Nelken-Schwindlingen hinweisen. Noch ein Insider-Tipp: Stellen, an denen das Gras besonders hoch und grün gefärbt ist, können auf ihr Vorkommen hindeuten.

WICHTIGSTE MERKMALE

- Geruch nach Gewürznelken
- Hut mit stumpfem Buckel
- Hutrand gekerbt
- Lamellen cremefarbig
- Drehbarer Stiel

VORKOMMEN

- Frühling bis Spätherbst
- Saprobiont
- In Wiesen, Parks, auf Weiden, an Waldwegen
- Einzeln oder in Hexenringen

FICHTEN-ZAPFENRÜBLING

Strobilurus esculentus
Speisepilz, Sporenpulver weiß

Ein massenhafter Pilz des ausgehenden Winters, der gerne in Grüppchen alte Fichtenzapfen »befällt«.

VERWECHSLUNGSGEFAHREN

Zur Verwechslung kommt es oft mit den beiden Kiefern-Zapfenrüblingen (Zapfen beachten!). Zur selben Zeit wachsen aber auch in unmittelbarer Nähe der ungenießbare, nach Chlor riechende Fichtenzapfen-Helmling sowie der ungenießbare Kiefernzapfen-Helmling.

ERKENNUNGSMERKMALE

Hut glatt, hellgrau bis dunkelbraun, alt ausgebreitet, radialrunzelig gerieft. Lamellen weißlich, fast frei. Stiel elastisch knorpelig, gelbbraun bis bräunlich, Spitze heller, Basis mit Myzelsträngen. Geschmack nussig mild.

BESONDERHEITEN

Ein Pilz für geduldige Pilz-Sammelnde und einer der ersten Speisepilze im Jahr in Nadelwäldern.

WICHTIGSTE MERKMALE

- Auf Fichtenzapfen wachsender Rübling
- Hut radialrunzelig gerieft
- Lamellen fast frei
- Stiel knorpelig elastisch

VORKOMMEN

- Ab Januar/Februar
- Saprobiont
- Auf Fichtenzapfen
- Einzeln oder in Gruppen

ELFENBEIN-SCHNECKLING

Hygrophorus eburneus
Speisepilz, Sporenpulver weiß

Unter den Schnecklingen finden sich einige gute Speise- und keine Giftpilze. Allerdings muss auf Verwechslungen insbesondere mit anderen kleinen weißen Pilzen geachtet werden.

VERWECHSLUNGSGEFAHREN

Höchste Vorsicht ist generell vor anderen weißen, kleinen Pilzen geboten. Der tödlich giftige Bleiweiße Trichterling (Seite 116) hat gedrängte Lamellen und ist nicht so schleimig und weiß.

ERKENNUNGSMERKMALE

Hut rein weiß, anfangs gewölbt, alt flach werdend und sehr schleimig. Lamellen weiß, entfernt stehend, herablaufend. Stiel weiß, unten zuspitzend, schleimig, mit gepustelter Zone an der Spitze. Fleisch weiß. Geruch säuerlich-aromatisch (nach Mandarinen).

BESONDERHEITEN

Der Geruch wird mit der Raupe eines Weidenbohrers verglichen. Ihr Gattungsname *Hygrophorus* bedeutet übersetzt *hygro* = feucht und *phorus* = tragend, also: Feuchtigkeitsträger.

WICHTIGSTE MERKMALE

- Fruchtkörper schleimig
- Hut rein weiß
- Lamellen entfernt stehend, herablaufend
- Stielspitze gepustelt

VORKOMMEN

- Herbst bis Spätherbst
- Mykorrhiza-Pilz
- In Buchenwäldern
- Einzeln

FROST-SCHNECKLING

Hygrophorus hypothejus
Speisepilz, Sporenpulver weiß

Bei Liebhabern ein geschätzter Speisepilz, der regional manchmal häufig vorkommt, insgesamt aber sehr selten ist und daher nur in geringen Mengen gesammelt werden sollte.

VERWECHSLUNGSGEFAHREN

Der Frost-Schneckling kann bei richtiger Betrachtung und der Beachtung der Vorkommens-Zeit höchstens mit weiteren, essbaren Schnecklingen verwechselt werden.

ERKENNUNGSMERKMALE

Hut gelbbraun bis olivbraun, sehr schleimig, anfangs gewölbt, dann flach werdend und etwas vertieft, jung mit stumpfem Buckel. Lamellen hell bis goldgelb, entfernt stehend, herablaufend. Stiel ein wenig genattert, zunehmend gelblich, schmierig, Basis verjüngt. Fleisch weiß bis gelblich.

BESONDERHEITEN

Er gilt als letzter Mykorrhiza-Pilz des Jahres, erscheint nach den ersten Frösten und ist bis in den Januar hinein zu finden.

WICHTIGSTE MERKMALE

- Fruchtkörper schleimig
- Hut gelbbraun bis olivbraun
- Lamellen entfernt stehend, herablaufend
- Stiel fein genattert

VORKOMMEN

- Spätherbst bis Winter
- Mykorrhiza-Pilz
- Stets unter Kiefern, auf sandigem Untergrund
- Einzeln, aber in großen Gruppen

GEMEINER SAMTFUSS-RÜBLING

Flammulina velutipes
Speisepilz, Sporenpulver weiß

Der Winterpilz schlechthin – geschmacklich ansprechend und ein Vitalpilz noch dazu. In Asien wird er in Unmengen gezüchtet und findet sich in einer Vielzahl von Gerichten. Bei uns fristet dieser Pilz, der zwischen November und Februar erscheint, eher ein Schattendasein.

VERWECHSLUNGSGEFAHREN

In milden Wintern kann an denselben Standorten der tödlich giftige Gift-Häubling (Seite 106) vorkommen. Diese Verwechslung ist wirklich sehr gefährlich – weshalb der Samtfuß-Rübling nur mit ausreichend Erfahrung gesammelt werden sollte!

ERKENNUNGSMERKMALE

Hut in orangegelblichen Farben, schmierig, jung gewölbt, dann verflachend, Rand eingerollt. Lamellen entfernt stehend, weißlich, später ocker. Stiel ringlos, gelbbräunlich, unterer Teil wird im Alter schwarz und samtig/flauschig.

BESONDERHEITEN

Er erscheint gerne nach den ersten Frösten, übersteht diese problemlos, toleriert Temperaturen unter −20 °C und wächst in milden Perioden weiter. In der TCM wird er als Vitalpilz gegen Immunschwäche und bei Erkältungen eingesetzt.

WICHTIGSTE MERKMALE

- Fruchtkörper meist büschelig
- Hut orangegelblich
- Lamellen weiß bis ocker
- Stiel unten schwarzsamtig

VORKOMMEN

- Spätherbst bis Frühjahr
- Saprobiont/Parasit
- Auf lebendem und totem Laubholz, gerne auf Pappeln und Buchen
- Büschelig

ESSBAR

WEITERE LAMELLENPILZE

AUSTERN-SEITLING

Pleurotus ostreatus
Speisepilz, Sporenpulver weiß

Einer der besten und ergiebigsten Pilze der kalten Jahreszeit und damit das Highlight unter den Winterpilzen.

VERWECHSLUNGSGEFAHREN

Sehr ähnlich sind der essbare Lungen-Seitling (Hut ohne Blautöne), der essbare Rillstielige Seitling (Hut hellgraubraun) sowie der ungenießbare Gelbstielige Muschel-Seitling. Potenziell gefährlich ist die Verwechslung mit dem Ohrförmigen Weißseitling, der für nierenkranke Menschen tödlich enden kann. Dieser hat jedoch eine weißliche Hutoberfläche und wächst auf Nadelholz!

ERKENNUNGSMERKMALE

Hut stahlgrau bis taubenblau, glatt und matt, zungen- bis muschelförmig. Lamellen weiß, etwas gedrängt, weit herablaufend. Stiel kurz, exzentrisch, Basis weißfilzig. Fleisch jung weiß, im Stiel korkig zäh.

BESONDERHEITEN

Der Austern-Seitling ist ein Jäger! Mit seinen Hyphen bildet er galgenartige Gebilde, mit denen er Fadenwürmer fängt und auflöst.

WICHTIGSTE MERKMALE

- Fruchtkörper austernbankähnlich wachsend
- Hut stahlgrau bis taubenblau
- Lamellen weißlich, herablaufend
- Stiel kurz und exzentrisch

VORKOMMEN

- Spätherbst bis Frühjahr
- Saprobiont/Parasit
- An lebenden und toten Laubholzstämmen, vor allem Buchen
- Büschelig verwachsen

KAPITEL 7

WILLKOMMEN IM REICH DER PILZGENÜSSE

Nach einer langen und mitunter herausfordernden Reise durch die Welt der Pilzbiologie, Systematik und Artenvielfalt sind wir endlich angekommen – im Reich der Pilz-Genüsse.

Auf den kommenden Seiten geben wir euch Informationen über die Lagerung, die Verarbeitung und die Haltbarmachung von Pilzen. Und natürlich einige leckere Rezeptideen für Pilzgerichte – als Abwechslung zu den üblichen panierten Pilzen. So wie sich viele von uns beim Suchen auf die Pilz-Klassiker beschränken, ist auch die kulinarische Vielfalt von Pilzgerichten gerade im deutschsprachigen Raum überschaubar – und das wollen wir ändern.

Wir möchten euch aktiv anregen, abseits der altbekannten Rezepte neue Pilz-Verarbeitungsmethoden auszuprobieren, um die Vielfalt an Pilz-Geschmäckern und -Gerichten in vollen Zügen genießen zu können und so euren Speiseplan das ganze Jahr hindurch zu bereichern.

WICHTIGES VOR DEM GENUSS

Pilze sind wahre Delikatessen, eignen sich aber nicht als Hauptnahrungsmittel, weshalb wir sie nur in kleineren Mengen genießen sollten! Die WHO empfiehlt eine durchschnittliche Verzehrmenge von 250 Gramm pro Person pro Woche. Die ein oder andere Überschreitung in einer guten Saison sei uns verziehen!

Die genannte Empfehlungsmenge wird unter anderem mit der schweren Verdaulichkeit von Pilzen begründet. Pilze bestehen zu über 90 Prozent aus Wasser, ihre durchaus feste Konsistenz erlangen sie durch die Einlagerung von Chitin – dem extrem widerstandsfähigen Stoff, aus dem die Außenskelette von Insekten bestehen. Dieser ist für uns Menschen unverdaulich und bei größeren Mengen unverträglich.

Hinzu kommt, dass viele unserer Pilz-Lieblinge (Röhrlinge, Pfifferlinge, Reizker, Champignon und Schopftintling) dazu neigen, Schwermetalle aus ihrer Umgebung aufzunehmen. Wir empfehlen deshalb, prinzipiell keine Pilze aus Zivilisationsnähe (Parks, Wälder neben Straßen, Gärten) für Speisezwecke zu verwenden!

Noch ein sehr wichtiger Punkt, der oft zu Problemen führt: Viele Speisepilze sind roh giftig und müssen daher ausreichend, je nach Zubereitung 10 bis 20 Minuten, gegart werden, da sich diese Giftstoffe durch die Hitze abbauen.

Wir wollen mit diesen Informationen niemandem den Appetit auf Pilze verderben, eher darauf hinweisen, dass sie gerade in geringen Mengen überaus köstliche und ernährungsphysiologisch sehr wertvolle Nahrungsmittel sind, die es verdient haben, öfter in unsere Speisepläne integriert zu werden.

HALTBARKEIT

Gleich der heikelste Punkt zu Beginn: Pilze sind wahre Diven unter den Lebensmitteln, ihre Haltbarkeit ist sehr begrenzt, schnell verlieren sie an Aroma und Geschmack. Unmittelbar nach dem Sammeln zubereitet, schmecken sie mit Abstand am besten.

Zwischen den Pilzarten gibt es durchaus große Unterschiede in Bezug auf ihre Lebensdauer. Während ein Schopf-Tintling kaum die Heimreise überlebt, werden Pfifferlinge im Handel mitunter über Wochen »frisch« gehalten – wovon wir im Privatgebrauch dringend abraten.

Generell sollten alle Pilze wie rohes Hackfleisch behandelt werden – was ihre Verderblichkeit verdeutlicht! Zu lange gelagerte Pilze führen leider sehr häufig zu falschen Pilzvergiftungen (Seite 20). Daher ist dieser Punkt besonders wichtig.

Auch das physiologische Alter der Pilze spielt eine Rolle, genauso wie die Witterungsbedingungen. »Reife« Pilze, beispielsweise ausgewachsene Röhrlinge, überleben oft nur eine Nacht im Kühlschrank, genauso wie durch Regen aufgeweichte Pilze. Hier müssen wir wirklich jeden Tag aufs Neue die Qualitätsmerkmale (Seite 20) kontrollieren, uns auf unsere Sinne verlassen und im Zweifelsfall lieber alte, überständige Pilze entsorgen. Ein wichtiger Tipp, um dem vorzubeugen: Wir sammeln mittlerweile nur so große Mengen, wie wir in kurzer Zeit sicher einlagern und verarbeiten können. Vergessen wir nicht, wie viel Platz die erlaubten zwei Kilogramm Pilze brauchen.

TROCKNEN

Da die Lagerdauer von Pilzen stark begrenzt ist, stellt sich natürlich die Frage nach Konservierungsmöglichkeiten. Das Trocknen ist nicht nur die einfachste Methode, sie intensiviert zudem das Aroma und den Geschmack vieler Pilze erheblich und erlaubt die Haltbarmachung über Jahre hinweg.

Bei roh giftigen Pilzen, wie zum Beispiel den Morcheln, wird auch die Bekömmlichkeit durch das Trocknen gesteigert, trotzdem müssen auch getrocknete Pilze unbedingt vor dem Verzehr gegart oder scharf angebraten werden.

Genau wie beim Frischverzehr empfiehlt sich auch beim Trocknen eine möglichst rasche Verarbeitung der Pilze nach dem Sammeln. Auch madige Pilze können getrocknet werden, die kleinen Würmchen sterben beim Trocknungs-Prozess ab – sofern er richtig durchgeführt wird.

Ein scharfes Messer, Backpapier als Unterlage sowie eine Wärmequelle und verschließbare Behältnisse sind die einzigen notwendigen Utensilien zum Trocknen.

Wir empfehlen das Trocknen an heißen Sommertagen in der Sonne (Achtung Windschutz!) oder das Verwenden von kleinen Dörrgeräten, nicht jedoch das ineffiziente Trocknen im Backofen.

Grundvoraussetzung ist der richtige Schnitt: Sämtliche Pilze müssen so dünn wie möglich (1–2 mm) geschnitten und die Scheiben einzeln aufgelegt werden, um eine vollständige Durchtrocknung, die Voraussetzung für eine lange Lagerung, zu erreichen. Erst wenn die Pilze fast zerbröseln und nicht mehr biegsam sind, ist der Prozess abgeschlossen.

Wundert euch nicht, wie wenig von den Pilzen im Endeffekt übrig bleibt – das verdunstende Wasser macht einen Großteil der Masse eines Pilzes aus.

Luftdicht in Behältnisse abgefüllt, geschützt vor Licht, Wärme, Feuchtigkeit und Motten, sind die getrockneten Pilze über Monate bis Jahre haltbar. Durch die Trocknung intensiviert sich ihr Geruch und ihr Geschmack. Bereits eine Handvoll reicht dann aus, um Saucen, Suppen und vieles mehr zu bereichern.

PILZPULVER

Eine weitere Verarbeitung von getrockneten Pilzen, die wir euch empfehlen wollen, ist die Herstellung von Pilzpulvern.

Wenn bei euch die Küchenregale vor Pilz-Gläsern überquellen, ist es höchste Zeit für diese einfache, aber geniale Anwendungsmethode. Grundvoraussetzung sind komplett durchgetrocknete Pilze. Sind sie restfeucht, lassen sie sich schlechter zerkleinern und das Pulver verdirbt schneller.

Für das Pulverisieren von getrockneten Pilzen sind Kaffeemühlen oder elektrische Mörser bestens geeignet. Das gewonnene Pulver ist nicht nur platzsparend und optisch durchaus ansprechend (gute Geschenkidee!), sondern findet in der Küche ein breites Anwendungsgebiet: Fleisch, Fisch und Gemüse können damit verfeinert werden.

VITALPILZE – EIN MUSS FÜR JEDE HAUSAPOTHEKE

Unsere heimischen Pilze bereichern nicht nur unseren Speiseplan, sie können auch aktiv zu unserer Gesundheit beitragen, denn sie haben eine positive gesundheitliche Wirkung auf uns. Naturvölker rund um den Globus verwenden schon seit Jahrtausenden Pilze für medizinische Zwecke.

Inzwischen wird weltweit vermehrt an Pilzen, ihren Inhaltstoffen und ihrer positiven Wirkung auf uns Menschen geforscht. Aus dieser Entwicklung ist eine regelrechte Industrie entstanden, die oftmals zu sehr gehobenen Preisen Produkte anbietet – mit Pilzen, die direkt vor unseren Haustüren einfach zu finden sind.

Wir möchten euch daher an dieser Stelle anregen, selbst mit den folgenden Pilzen Erfahrungen zu sammeln, da ihre Wirkungsweise individuell unterschiedlich ist. Allen Vitalpilzen wird eine stimulierende Wirkung auf das Immunsystem nachgesagt. Ihre Palette an gesundheitsförderlichen Inhaltsstoffen reicht von verschiedenen Vitaminen, Polysacchariden bis hin zu Spurenelementen wie Eisen.

Für die Verarbeitung von Vitalpilzen gibt es verschiedene Methoden, angefangen bei Pulvern bis hin zu alkoholischen Extrakten. Wir verarbeiten die getrockneten Pilze vorzugsweise zu Tees. Auch wenn die Vitalpilze keine kulinarischen Genüsse bieten, sind sie doch genießbar und können sorglos gekaut und geschluckt werden. Die Tees sollten lange ziehen, 20 bis 30 Minuten, damit sich die gebundenen Inhaltstoffe lösen können – was an der intensiven Färbung des Tees sichtbar wird. Wir kochen die verwendeten Pilze immer zweimal auf. Pro halben Liter Wasser verwenden wir eine Handvoll getrockneter Vitalpilze. Die Mischung machts!

DIE VIER POTENTESTEN HEIMISCHEN VITALPILZE SIND:

1 Schmetterlingstrameten
2 Birken-Porlinge
3 Lackporlinge
4 Chaga

1 Die sehr häufigen Schmetterlingstrameten.

2 Die leicht zu findenden und unverwechselbaren Birken-Porlinge

3 Hier der Reishi, stellvertretend für seine Verwandten aus der Gattung der Lackporlinge

4 Der Chaga ist bei uns eher eine Seltenheit, er bevorzugt kühlere Breiten.

5 Nach 20–30 Minuten sind die positiven Inhaltsstoffe ausgelöst und färben den Pilz-Tee intensiv.

DER BESTE BURGER DEINES LEBENS

Nicht nur für die Augen, auch für den Magen sind selbst gemachte Pilz-Burger ein absolutes Highlight. Sie sind ein Paradebeispiel für den Genuss, den wir nur zu Hause, frisch und selbstgemacht bekommen können.

Als Grundlage empfehlen wir ein Brioche-Brötchen, es ist den herkömmlichen, eher trockenen Burgerbrötchen weit überlegen. Bei der Pilzauswahl kennt unsere Kreativität keine Grenzen. Prinzipiell eignen sich alle Pilze für dieses Rezept. Größere Arten wie Steinpilze, Parasole, Reizker oder Rötelritterlinge braten wir in einer Knoblauchmarinade kurz, sehr scharf an (Pilze müssen durchgegart sein!) – die entstehenden Röstaromen dürfen auf keinen Fall fehlen.

Diese angebratenen größeren Pilzscheiben werden wie ein Patty verwendet. Kleinere Pilze wie Pfifferlinge werden ins Hackfleisch eingearbeitet oder als Beilage bzw. Garnitur verwendet. Sie müssen zuvor ebenso gebraten erhitzt werden.

Die persönlich besten Burger, die wir je probieren durften, waren eine Mischung aus Faschiertem (Hackfleisch) und Semmelstoppelpilzen. Diese Kombination hat langfristig Eindruck hinterlassen.

Zum krönenden Abschluss empfehlen wir allen Käse-Fans, eine dünne Schicht Parmesan knusprig anzubraten und als letzte Schicht in den Burger zu legen. Besser geht es nicht!

PILZ-BUTTER – FÜR VEGETARIER UND NICHT-VEGETARIERINNEN

Dieses einfache Gericht mit lediglich vier Zutaten ist definitiv eine geschmackliche Offenbarung und unbedingt zur Nachahmung zu empfehlen. Ihr benötigt lediglich:

- **Ein Stück hochwertige Butter**
- **Eine Handvoll getrocknete, aromatische Pilze**
- **Gartenkräuter**
- **Optional geräucherten Schinkenspeck als Hülle**

Für dieses Rezept empfehlen wir, nur die »intensivsten Pilze« zu verwenden. Unsere Favoriten sind Morcheln, die Krause Glucke und eine Mischung aus verschiedenen Röhrlingen. Für eine herkömmliche Pilz-Butter reicht eine Handvoll getrockneter Pilze vollkommen aus. Diese werden in einer Pfanne kurz angeröstet.

Nebenbei wird die Butter im Backofen kurz erwärmt, sie sollte nicht geschmolzen werden. Dann mischen wir saisonale Kräuter sowie die angerösteten Pilze in die erwärmte Butter.

Alle Vegetarier sind an dieser Stelle fertig. Die Butter wird eingekühlt, sodass sie ihre ursprüngliche Konsistenz wiedererhält.

Wer möchte, kann die Butter auf eine Lage Schinkenspeck verstreichen, dann einrollen und so genießen.

PILZ-SAUCE AUS GETROCKNETEN SCHÄTZEN

Zutaten für 2–3 Portionen:

- **Eine Handvoll getrocknete Pilze**
- **2 Schalotten oder 1 mittlere Zwiebel**
- **1 Teelöffel Majoran**
- **⅛ l Weißwein**
- **300–400 ml Suppenbrühe (Gemüse- oder Fleischbrühe)**
- **250 ml Schlagsahne**
- **2–3 Lorbeerblätter**

Wir empfehlen bewusst keine genauen Mengenangaben für dieses Rezept. Jeder getrocknete Pilz ist unterschiedlich aromatisch, bei der Abwägung von Menge und Intensität könnt ihr euch herantasten. Mehr als eine Handvoll ist für 2 bis 3 Portionen nicht notwendig, die Intensität kleiner Mengen ist nicht zu unterschätzen.

Im Gegensatz zur herkömmlichen Praxis legen wir die getrockneten Pilze vor der Zubereitung nicht in Wasser oder Suppen ein. Sie werden mit den Schalotten oder Zwiebeln und etwas Majoran angeröstet. Sobald sich Röstaromen bilden, löschen wir die Pfanne mit ⅛ Liter Weißwein ab, bis dieser verdampft. Danach wird auf mittlere Hitze zurückgedreht, die Suppenbrühe sowie die Schlagsahne und die Lorbeerblätter hinzugegeben. Nach 30 Minuten bis zu einer Stunde hat sich die Flüssigkeit einreduziert. Was übrig bleibt, ist ein wahres Geschmackserlebnis!

Angerichtet mit Semmelknödel oder mit frisch gekochten Teigwaren genießen wir diese Pilz-Sauce am liebsten.

PILZ-RAMEN

Zutaten für 3–4 Portionen:

- **100–200 g frische Pilze nach Wahl**
- **1 Handvoll getrocknete Pilze oder 2 Esslöffel Pilzpulver**
- **2 Stück Pak Choi**
- **1 Stück Lauch**
- **1 Esslöffel zerkleinerter Ingwer**
- **1 zerkleinertes Nori-Blatt**
- **Sojasauce nach Geschmack**
- **1 l Gemüsefond**
- **1 Packung Asia Nudeln pro Person**

Wir starten mit dem Anrösten der frischen und getrockneten Pilze. Diese dann mit dem Gemüsefond aufgießen. Die restlichen Zutaten zugeben und ... warten. Das Geheimnis für wirklich gute Ramen ist Geduld. Im asiatischen Raum werden Ramen oft über Tage gekocht – das ist natürlich zu Hause nicht unbedingt nachkochbar, aber mehrere Stunden (2 bis 3 Minimum) sollte die Brühe doch bei kleiner Hitze vor sich hinköcheln dürfen, damit sich alle Aromen verbinden können.

Allen Fleischliebhabenden können wir aus Erfahrung empfehlen, ein Stück Geselchtes oder Lachs mitzukochen und am Ende in dünn geschnittenen Scheiben zu genießen.

GLOSSAR DER FACHAUSDRÜCKE

Amorph
Huthaut nie wie ein Tortenstück abziehbar, reißt in verschiedenen Richtungen

Anastomosen
Queradrige Verbindungen zwischen Lamellen, Leisten und Adern, meist niedriger als diese und an deren Grund

Angeheftet
Lamellen am Stiel leicht angewachsen

Antabus-Reaktion
Kommt vor beim Coprinus-Syndrom: Abbau von Ethanol wird gehemmt. Vergiftung nur in Verbindung mit Alkohol. Latenzzeit 30 Minuten bis 4 Stunden nach Pilzgenuss zusammen mit Alkohol

Ascomyceten
Schlauchpilze, deren Sporen (meist 8) sich in Schläuchen (Asci) entwickeln

Ausgebuchtet angewachsen
Lamellen und Röhren, die am Stiel nicht gerade, sondern ausgebuchtet angewachsen sind (»Burggraben«)

Basidie
Keulenförmige Träger der Sporen bei Ständerpilzen (Basidiomyceten), auf denen sich meist 4 Sporen entwickeln

Basidiomyceten
Ständerpilze, bei denen sich ihre Sporen auf Ständern (Basidien) bilden

Bauchpilze
Sporen werden im Inneren der Fruchtkörper gebildet.

Blätterpilze
Pilze mit Lamellen (»Blättern«)

Braunfäule
Holz zerfällt, indem nur Zellulose und nicht Lignin im Holz abgebaut wird, zurück bleiben bräunliche Würfel

Chitin
Teil der Zellstruktur von Pilzen. Chitinpanzer von Käfern sind ähnlich. Für Menschen schwer verdaulich

Cortina
Fädige oder schleierartige Schutzhülle zwischen Hutrand und Stiel (spinnwebenartig)

Destruenten
Organismen, die organische Substanzen abbauen und in anorganische Bestandteile zersetzen

Epigäisch
Oberirdisch wachsende Pilze

feldrig
Mit Einrissen auf der Huthaut

Firnis
Weiße Schicht auf dem Hut, unter dem die cremegraue bis fleischbräunliche Hutgrundfarbe etwas durchschimmert. Wie mit Mehl bestäubt

Folgezersetzer (Saprophyten)
Totes organisches Material wird zersetzt und wieder in den Natur-Kreislauf gebracht.

Freie Lamellen
Lamellen, die den Stiel nicht erreichen, ihn daher nicht berühren

Fruchtkörper
Sichtbarer Teil des Pilzes, der Sporen enthält, die in Asci oder auf Basidien gebildet werden

Genattert
siehe Natterung

Gleba
Sporenbildendes Gewebe der Bauchpilze

Gruben
Kleine Einbuchtungen am Stiel von diversen Milchlingen

Guttation
Tröpfchenförmige Flüssigkeitsausscheidung am Pilzfruchtkörper (z.B. beim Rotrandigen Baumschwamm)

Hexenring
Ringförmige Anordnung von Pilzfruchtkörpern

Hygrophan
Farbveränderung des Hutes durch Wasserverlust. Meist von der Hut-Mitte ausgehend

Hymenium
Sporenbildende Schicht am Fruchtkörper, die vom Hymenophor getragen wird; das Hymenium überzieht das Hymenophor.

Hymenophor
Träger des Hymeniums (z.B. Lamellen, Röhren, Stacheln, usw.)

Hyphe
Fadenartiger, durch Querwände (Septen) unterteilter Zellenstrang

Hypogäisch
Trüffelartige Pilze, bzw. unterirdisch wachsende Pilze

Kollar
Ring zwischen Lamellen und Stiel, daher erreichen die Lamellen den Stiel nicht

Konkav
Schüssel- bis becherförmig

Konvex
Linsenförmig bis rundlich geformt

Lamellen
Blattartige Träger der Fruchtschicht

Lamellenschneide
Äußerster Rand der Lamelle (gesägt, gezähnt, usw.)

Lamellentrama
Innere Fruchtschicht zwischen den Hyphen der Lamellen

Lameletten, Zwischenlamellen
Verkürzte Lamellen zwischen den Hauptlamellen

Latenzzeit
Hier: Zeitraum nach einer Mahlzeit bis zum Erscheinen der ersten Vergiftungssymptome

Magen-Darm-giftig
Magen-Darm-Unverträglichkeit, die auch allergische Reaktionen hervorrufen kann

Manschette
Ringartiger Wulst am Stiel (siehe Velum partiale)

Mykologie
Lehre der Pilzkunde

Mykorrhiza
Lebensgemeinschaft zwischen Pilzen und Wurzeln höherer Pflanzen

Myzel
Unterirdisches, wurzelartiges Geflecht; Gesamtheit der Hyphen

Myzelfilz
Ansammlung von Hyphen (Zellsträngen) an der Basis

Myzelial-Kern
Innerer Kern eines Porlings

Natterung
Meist zickzackförmige Zeichnung der Stieloberfläche, schlangenartig genattert

Parasit
Pilz befällt gesunde oder geschwächte Organismen, die er schädigt und schließlich zum Absterben bringt.

Peridie
Äußere Haut bei Bauchpilzen, die nicht in Sporenmasse umgewandelt wird

Poren
Kleine rundliche, eckige oder schwammähnliche Mündungen bei Röhrlingen und Porlingen auf der Unterseite des Pilzes

Resupinat
Flach aufliegender Fruchtkörper

Rhizomorphen
Dicke, wurzelartige Hyphen-Stränge an der Stielbasis oder im Substrat

Ring
Ringartiger Wulst am Stiel (siehe Velum partiale)

Röhren
Runde oder eckige, nach unten gerichtete Sporenständer auf der Unterseite des Pilzes

Röhrenboden
Untere Fläche zwischen Hutfleisch und Röhren

Saprobiont
Pilz ernährt sich von totem, organischem Material.

Saprophyten (Folgezersetzer)
Totes organisches Material wird zersetzt und wieder in den Natur-Kreislauf gebracht.

Schlauchpilze (Ascomyceten)
Pilzklasse, bei der die Sporen in Schläuchen (Asci) gebildet werden

Schleier (siehe Velum)
Vorhangartiges Gebilde bei Schleierlingen zwischen Hut und Stiel

Schneiden
Der unterste Teil der Lamelle, also die Kante

(im/beim) Schnitt
An Schnittstellen oder bei Verletzungen

Septe
Querwand von Hyphen

Sprödblättler
Täublinge und Milchlinge mit sprödem, brüchigem Fleisch

Sporen
Fortpflanzungsmedium von Pilzen; die Sporen werden in einer dünnen Schicht fruchtbarer Zellen produziert, der sogenannten Fruchschicht (Hymenium).

Sporenpulver
Anhäufung von Sporen

Sporenständer
Abwurfplatz der erzeugten Samen (Sporen) der Pilze

Ständerpilze (Basidiomyceten)
Pilzklasse, bei der die Sporen an Ständern (Basidien) gebildet werden

Symbiose
Lebensgemeinschaft (Mykorrhiza) zwischen Pflanzen und Pilzen

Trama
Fruchtkörpergewebe (Fleisch). Der Begriff wird vor allem bei Porlingen gebraucht.

Velum
Hautartige Schutzhülle an jungen Fruchtkörpern, die beim Strecken aufbricht. Zurück bleibt eine Teil- oder Gesamthülle (Velum partiale, Velum universale)

Velum partiale
Teilhülle, die junge Lamellen schützt und als Ring zurückbleibt, z.B. beim Champignon

Velum universale
Gesamthülle, die den ganzen Jungkörper überzieht, z.B. beim Fliegenpilz

Vitalpilz
Pilze mit positiver gesundheitlicher Wirkung auf den Menschen

Volva
Hautscheide an der Stielbasis, die ehemals den ganzen Fruchtkörper umschlossen hat

Weißfäule
Schadbild der Bäume, bei der durch Aufzehrung von Lignin und Zellulose das Holz weißlich blass erscheint

WEITERFÜHRENDE LINKS

Mykologische Anlaufstellen:

Österreichische Mykologische Gesellschaft: https://myk.univie.ac.at/

Deutsche Gesellschaft für Mykologie: https://www.dgfm-ev.de/

Vereinigung amtlicher Pilzkontrollorgane der Schweiz: https://vapko.ch/index.php/de/

Listen mit bedrohten Pilzarten:

Österreich: https://myk.univie.ac.at/publikationendie-pilze-oesterreichs-verzeichnis-und-rote-liste-2016/

Deutschland: https://www.dgfm-ev.de/naturschutz-und-kartierung/rote-liste

Schweiz: https://www.bafu.admin.ch/bafu/de/home/themen/biodiversitaet/publikationen-studien/publikationen/rote-liste-grosspilze.html

Sammel-Bestimmungen:

Österreich: https://myk.univie.ac.at/pilzschutzbestimmungen-in-oesterreich/

Deutschland: In Deutschland gibt es keine klaren, einheitlichen Sammelbestimmungen. Informationen finden sich unter folgendem Link: https://www.dgfm-ev.de/naturschutz-und-kartierung/naturschutz

Schweiz: https://www.vapko.ch/de/oekologie/kantonale-und-kommunale-pilzsammelbestimmungen

Homepage:

Dr. Stefan Marxer: https://www.pilzvergnuegt.com/

DANK

Nach unserer gemeinsamen Reise in die große Welt der Pilze möchten wir uns bei allen Mitwirkenden an unserem Buch ganz herzlich bedanken!

Die Zusammenarbeit mit so vielen Kolleginnen und Kollegen aus der wirklich freundschaftlichen und zunehmend wachsenden Pilz-Community war für uns fachlich, kreativ und persönlich eine echte Bereicherung. So können wir mit Stolz behaupten, ein Pilzbuch für, von und mit Pilzfreundinnen und Pilzfreunden geschrieben zu haben.

Unser besonderer Dank gilt neben unseren Freunden, Partnerinnen und Familien denjenigen, die uns immer unterstützt haben, zum Beispiel Frau Professor Irmgard Krisai-Greilhuber von der Österreichischen Mykologischen Gesellschaft, Dr. Uwe Kozina, Daniel Schwingenschlögl, Michael Bachmeier von pilzwelten.de, Michael Stüben, Martin Krause, Martina Schafranek, Bernd Römer und so vielen mehr!

Ganz besonders möchten wir uns natürlich beim gesamten AT Verlag für die gelungene Zusammenarbeit und die Chance, unsere Pilz-Begeisterung in dieser Form zu teilen, bedanken!

Franco del Popolo
kam über seinen Vater, der ein eifriger Pilzsucher war, in Kontakt mit der Pilzwelt und vertiefte als junger Erwachsener sein Wissen. Er war einer der wenigen Pilzexperten im gesamten deutschsprachigen Raum, der sowohl diplomierter Pilzkontrolleur in der Schweiz, Giftpilzexperte, Pilzsachverständiger in Deutschland und Pilzberater ARGE in Österreich war. 2022 gründete er seine eigene Pilzlehrschule.

Wir bedauern das überraschende Ableben von Franco, der das lang ersehnte Erscheinen dieses Buches nun nicht mehr miterleben darf.

Dr. Stefan Marxer
wuchs quasi im Wienerwald auf und bekam die Faszination an der Schwammerlsuche von seianer Familie in die Wiege gelegt. Aus der Leidenschaft entwickelte sich über die letzten Jahre ein Beruf. Der promovierte Agrarwissenschaftler ist Vorstandsmitglied der Österreichischen ARGE Pilzberater und teilt unter dem Alias »Mykohunter365« ganzjährig sein Wissen auf YouTube, in Seminaren und auf Pilzwanderungen.

BILDNACHWEIS

An dieser Stelle möchten wir uns erneut für die tolle Unterstützung und die schönen Bilder bei allen Beteiligten herzlich bedanken!

Stefan Marxer
Seiten 18 (1, 3, 4), 22, 23, 26 (2, 3), 27 (4, 6), 35 (2, 3, 4), 37 (2, 4, 5), 39 (1, 2, 4, 5, 6), 64 (Lamellenpilze: 1, 3, 6; Sprödblättler: 1, 2, 4, 5, 6; Röhrlinge: 1–5), 65 (Porlinge: 1–6; Nicht-Blätterpilze: 1–6; Schlauchpilze: 1–4), 69 (2, 3), 71 (1, 3, 4), 73 (1–4), 75 (1, 2), 79 (2), 81 (2–5), 83 (1, 2, 4), 85, 87, 89 (1–3), 91 (3), 95 (1), 101, 104, 109 (unten), 111 (unten), 112, 123 (1), 125, 126 (unten rechts), 134, 138, 139, 145 (oben), 147, 148, 153, 154 (unten), 156, 157, 160, 161, 165 (oben), 167 (4), 168–173, 175 (unten), 176, 180, 182, 183 (unten), 184 (oben), 186–189, 191–195, 196 (oben), 198 (links), 199, 200 (rechts), 210, 211 (Mitte), 212, 213 (unten links), 214, 218, 219, 220 (rechts), 225 (oben), 226–228, 229 (unten), 232, 236 (oben), 237–239, 242, 244, 245, 249 (unten), 258, 259, 261 (oben, unten links, Mitte rechts), 264, 266, 269, 270, 272, 273 (unten), 275 (unten), 277 (links), 281 (unten), 290–293, 298, 301

Daniel Schwingenschlögl
Seiten 12, 26 (1), 27 (Mitte), 30, 31, 35 (1, 5), 37 (1, 3), 43, 45, 47, 49, 51, 53, 55, 57, 59, 64 (Lamellenpilze: 2; Sprödblättler: 3; Röhrlinge: 6), 77, 79 (3), 91 (1, 4), 107 (unten), 145 (unten), 155, 162, 164 (oben), 183 (oben), 184 (unten), 213 (unten rechts), 220 (links), 222, 240, 241, 243, 248, 268, 279 (unten), 308, 309, 311 (2, 5), 312, 313–315, 323

Alexander Böhm: Seiten 225 (unten), 311 (1)
Anja Bodganski: Seite 178 (links)
Bernd Römer: Seiten 107 (oben), 236 (unten), 249 (oben), 281 (oben), 283, 299
Enrico Wolde: Seite 166
Franco Del Popolo: 119 (oben)
Georg Häfner: Seite 152 (links)
Georg Mrkvicka: Seiten 152 (rechts), 211 (links und rechts)
Gerardo Flores: Seite 103 (unten)
Hanneliese Edelhofer-Wunderer: Seiten 136, 137 (oben)
Heinz Sonderegger: Seite 178 (rechts)
Jan Jansen: Seite 165 (unten)
Martin Spiess: Seiten 69 (1), 106, 154 (oben), 158 (oben), 213 (oben und Mitte rechts)
Martina Schafranek: Seite 66
Michael Bachmeier: Seiten 39 (3), 113 (2, 3), 117 (unten), 126 (oben, unten links), 127, 133, 146, 174, 175 (oben), 177 (unten), 179 (rechts), 201, 204, 205 (links), 209 (unten), 216, 250, 251, 262 (links), 265 (oben), 267 (unten), 275 (oben), 276, 284, 286, 287, 289, 295
Michael Stüben: Seiten 64 (Lamellenpilze: 4), 71 (2), 131 (unten), 132, 167 (1, 2, 3), 215, 231, 234, 257 (unten), 263 (oben, unten links), 277 (rechts), 288
Monika Buchner: Seite 137 (unten)
Oliver Laktos: Seite 18 (2)
Österreichische Mykologische Gesellschaft: Seiten 108, 111 (oben), 115, 117 (oben), 119 (unten), 141 (oben), 143 (oben), 149, 150, 151, 196 (unten), 197, 198 (rechts), 203, 209 (oben), 223, 247, (oben), 253, 254, 255, 265 (unten), Seite 271 (unten), 274, 280, 282, 296
Peter Peer: Seite 205 (rechts)
Ruth Reimann: Seiten 105 (oben), 158 (unten), 177 (oben), 267 (oben),
Simone Keller: Seite 297 (oben)
Thomas Bardorf/Österreichische Mykologische Gesellschaft: Seite 285
Uwe Kozina: Seiten 202, 206, 217, 233, 262 (rechts), 263 (unten rechts)
Yannik Raeck: Seiten 124 (oben), 164 (unten), 229 (oben)

© iStock.com
© iStock.com/avIntn: Seiten 316, 317
© iStock.com/alekseystemmer: Seite 24
© iStock.com/Alexander Fattal: Seite 159
© iStock.com/audioundwerbung: Seite 1
© iStock.com/Binnerstam: Seiten 96, 96
© iStock.com/BrianAJackson: Seiten 92, 93
© iStock.com/Karina Schultze: Seiten 40, 41
© iStock.com/Kichigin: Seite 33
© iStock.com/Kristyna Sindelkova: Seiten 304, 305
© iStock.com/Li-Bro: Seite 207
© iStock.com/Martin Koebsch: Seiten 334, 335
© iStock.com/MLiberra: Seiten 302, 303
© iStock.com/morgan23: Seiten 14, 15
© iStock.com/PIKSEL: Seite 4
© iStock.com/pressdigital: Seite 62
© iStock.com/Shaiith: Seiten 60, 61
© iStock.com/Wirestock: Seite 103 (1)

© Shutterstock.com
© A.S.Floro/Shutterstock.com: Seite 123 (3)
© Adrian_am13/Shutterstock.com: Seite 121 (oben)
© Aleksandar Milutinovic/Shutterstock.com: Seite 235
© Aydngvn/Shutterstock.com: Seiten 73 (5), 95 (8), 123 (2)
© Bogdan Ionescu/Shutterstock.com: Seiten 83 (3), 221 (links)
© COULANGES/Shutterstock.com: Seite 141 (unten)
© David Pimborough/Shutterstock.com: Seite 121 (unten)
© eBrand/Shutterstock.com: Seite 246
© fun2mass/Shutterstock.co: Seiten 91 (2), 95 (5)
© giovannicontarelliphoto/Shutterstock.com: Seiten 65 (Schlauchpilze: 6), 247 (unten)
© Graeme Pearce/Shutterstock.com: Seiten 95 (4), 113 (1)
© Ground Picture/Shutterstock.com: Seite 81 (1)
© gvictoria/Shutterstock.com: Seiten 95 (2), 105 (unten)
© Henri Koskinen/Shutterstock.com: Seiten 95 (7), 124 (unten), 129 (unten), 135, 181 (unten), 185, 200 (links), 278, 279 (oben), 297 (oben)
© igor.kramar.shots/Shutterstock.com: Seite 144
© Ina Raschke/Shutterstock.com: Seite 230
© John Navajo/Shutterstock.com: Seite 75 (3)
© Jon Benedictus/Shutterstock.com: Seite 208
© Jon Digoarpi/Shutterstock.com: Seite 221 (rechts)
© Kazakov Maksim/Shutterstock.com: Seite 79 (1)
© klerik78/Shutterstock.com: Seite 89 (4)
© LFRabanedo/Shutterstock.com: Seiten 95 (6), 131 (oben), 261 (unten rechts), 294 (unten)
© Majimsaban/Shutterstock.com: Seite 143 (unten)
© Maksim/Shutterstock.com: Seite 257 (oben)
© ressormat/Shutterstock.com: Seite 134 (unten)
© Soonnax/Shutterstock.com: Seite 179 (links)
© Tomasz Czadowski/Shutterstock.com: Seiten 65 (Schlauchpilze: 5), 129 (oben), 181 (oben)
© Weinkoetz/Shutterstock.com: Seiten 75 (4), 95 (3), 109 (oben)
© olenaa/Shutterstock.com: Seite 271 (oben)
© Lioneska/Shutterstock.com: Seite 273 (oben)
© Gabriela Beres/Shutterstock.com: Seite 292
© Evgeniy_16/Shutterstock.com: Seite 294 (oben)
© Hartmut Goldhahn/Shutterstock.com: Seite 300
© cholprapha/Shutterstock.com: Seite 311 (3)
© Ksenia Shestakova/Shutterstock.com: Seite 311 (4)

ALPHABETISCHE LISTE DER GIFTPILZE

Bärtiger Ritterling 154
Bauchweh-Koralle 144
Bleiweißer Firnis-Trichterling 116
Blutroter Hautkopf 145
Bocks-Dickfuß 146
Breitblättriger (Holz-)Rübling 147
Dickschaliger Kartoffelbovist 148
Dottergelber Klumpfuß 114
Dunkler Ölbaumtrichterling (Ölbaumpilz) 138
Fleischbräunlicher Schirmling 108
Fliegenpilz (+Königsfliegenpilz)
Frühjahrs-Lorchel 124
Frühlings-Knollenblätterpilz 102
Gelber Knollenblätterpilz 127
Gemeiner Erd-Ritterling 132
(Gemeiner) Schwefel-Ritterling 155
Gift-Häubling 106
Großer Rettich-Fälbling 149
Grünblättriger Schwefelkopf 150
Grüner Knollenblätterpilz 100
Grünling 130
Kahler Krempling 134
Kegelhütiger Knollenblätterpilz 104
Kronenbecherling 158
Lila Rettich-Helmling 120
Narzissengelber Wulstling 126
Orangefuchsiger Raukopf 110
Pantherpilz 122
Rettich-Helmlinge 120
Riesen-Rötling 140
Rosa Rettich-Helmling 120
Satansröhrling 152
Schönfuß-Röhrling 153
(Gemeiner) Schwefel-Ritterling 155
Seifen-Ritterling 156
Spitzgebuckelter Raukopf 112
Spitzschuppiger Stachel-Schirmling 157
Tiger-Ritterling 142
Ziegelroter Risspilz 118
Zimtfarbener Weichporling 136

Aus Kapitel 6: Verwechslungsgefahren-Pilze:

Birken-Milchling 214
Falscher Pfifferling 185
Gallenröhrling 168
Gefleckter Flämmling 282
Gewimperter Erdstern 233
Gift-Riesenschirmling (Gerandetknolliger Garten-Safranschirmling) 252
Karbol-Champignon (Karbol-Egerling) 256
Kirschroter Spei-Täubling 197
Maggipilz (Bruch-Milchling) 215
Pechschwarzer Milchling 219
Pfeffer-Milchling 216
Sparriger Schüppling 283
Stachelbeer-Täubling 204
Stink-Täubling 199

ALPHABETISCHE LISTE DER SPEISEPILZE

Aderiger Morchelbecherling 244
Amethystschuppiger Pfifferling 184
Austern-Seitling 300
Behangener Faserling 285
Birkenpilz + Rotkappen 166
Birken-Porling 222
Brätling (Milchbrätling) 212
Brauner Büschel-Rasling 286
Butterpilz 176
Dickblättriger Schwärz-Täubling 205
Echter Knoblauch-Schwindling (Echter Mousseron) 290
Echter Pfifferling 182
Edel-Reizker 208
Elfenbein-Schneckling 296
Eselsohr 234
Fichten-Reizker 210
Fichtensteinpilz 165
Fichten-Zapfenrübling 295
Flacher Lackporling 223
Flaschen-Stäubling 232
(Fleischroter) Speise-Täubling 196
Flockenstieliger Hexenröhrling 170
Frauen-Täubling 194
Frost-Schneckling 297
Fuchsiger Scheidenstreifling 264
Gelber Graustiel-Täubling 200
Gemeiner Hallimasch (Dunkler Hallimasch) 280
(Gemeiner) Rotfußröhrling 173
Gemeiner Samtfuß-Rübling 298
Gold-Röhrling 177
Grauer Wulstling 262
Großer Mehl-Räsling 288
Großer Scheidling 265
Grüner Anis-Trichterling 276
Grüngefelderter Täubling 195
Habichtspilz 192
Herbsttrompete (Totentrompete) 188
Herkuleskeule 235
Judasohr 236
Kaiserling 258
Käppchen-Morchel 243
Krause Glucke 228
Kuhmaul (Großer Schmierling) 178
Kupferroter Gelbfuß 179
Lachs-Reizker 211
Leberreischling (Ochsenzunge) 221
Mairitterling (Maipilz) 270
Maronenröhrling 169
Mohrenkopf-Milchling 218
Mönchskopf 277
Nelken-Schwindling 294
Netzstieliger Hexenröhrling 172
Ocker-Täubling (Zitronen-Täubling) 201
Olivbrauner Safranschirmling 250
Parasol (Riesenschirmling) 248
Perlpilz (Rötender Wulstling) 260
Pfefferröhrling 175
Purpurfilziger Holzritterling 275
Reifpilz (Zigeuner) 266
Riesen-Bovist 230
Rote Kelchbecherlinge 245
Rötelritterlinge 272
Roter Herings-Täubling 202
Rötlicher Gallerttrichter 237
Rotrandiger Baumschwamm 226
Rotstieliger Leder-Täubling 203
Samtfuß-Holz-Krempling 180
Schaf-Champignon / Weißer Anis-Champignon 254
Schleiereule 268
Schmalblättriger Weiß-Täubling 206
Schmetterlingstramete 224
Schopf-Tintling 292
Schwarzfaseriger Ritterling 274
Schwefelporling 220
Schweinsohr 189
Semmelstoppelpilze 190
Sommer-Steinpilz 164
Sommer-Trüffel 246
Speise-Morchel 240
Spitz-Morchel 242
Starkriechender (Trompeten-)Pfifferling 187
Stinkmorchel 238
Stockschwämmchen 278
Trompeten-Pfifferling 186
Dunkelvioletter Schleierling 269
Voreilender Ackerling (Früher Ackerling) 284
Wiesel-Täubling 198
Wiesen-Champignon 255
Wolliger Milchling 217
Ziegelgelber Schleimkopf 267
Ziegenlippe 174
Zunderschwamm 227

PILZ-BESTIMMUNGSSCHLÜSSEL

Pilz-Bestimmungsschlüssel sind für komplette Anfänger schwierig umzusetzen und nachzuvollziehen. Für seine Benutzung sollten die Grundlagen der Systematik (im Buch) vorhanden sein, auch braucht es einige Übung, um mit solchen Schlüsseln umgehen zu können.

Der Bestimmungs-Schlüssel hier in diesem Buch ist ein einfacher, hilfreicher Bestimmungs-Schlüssel und als Einstieg in die Pilz-Bestimmung gedacht. Weitere Bestimmungs-Literatur ist im Buchhandel erhältlich. Bei komplexeren Bestimmungen muss mit mikroskopischen Bestimmungs-Kriterien und Reagenzien gearbeitet werden.

Anhand der folgenden Vorgehensweise könnt ihr euch an jeden Pilz heranwagen und ihn einer ersten Zuordnung bzw. Einteilung unterziehen. Unser Pilz-Bestimmungsschlüssel funktioniert so: Schaut erst den Pilz genau an, sucht bei der jeweiligen Zahl (1 bis 4) einen passenden Unterpunkt (a bis e) und seht dann in der fettgedruckten Rubrik nach, die entweder wieder mit einem Unterpunkt oder mit einer Seitenzahl angegeben ist. Folgt diesen Unterpunkten bzw. Zahlen. Lest dann die Angaben dieses Unterpunkts bzw. lest auf der Seite nach, wo ein oder mehrere Vertreter der Gruppe im Buch zu finden sind.

Beachtet, dass in diesem Buch Giftpilze unter dem jeweiligen Krankheits-Syndrom im Kapitel 5 aufgeführt sind oder aber bei den Gattungen im Kapitel 6 stehen.

Die folgenden Abkürzungen bedeuten: Frk. = Fruchtkörper; Spp = Sporenpulver (Farbe); +/– = mehr oder weniger. Die Erklärung von Fachbegriffen, die hier vorkommen, findet ihr im Glossar.

Hier als Beispiel eine Anwendung des Bestimmungsschlüssels:
Findet man zum Beispiel einen Fliegenpilz, geht man bei der Bestimmung folgendermaßen vor:

> Bei der Bestimmung der Hauptgruppe kommt von 1.a bis 1.e nur 1.a infrage, da der Fliegenpilz Lamellen besitzt. Also weiter zu 2.
> Der Fliegenpilz besitzt kein brüchiges Fleisch, also bei 2 weiter zu 3.
> Da der Fliegenpilz faseriges, elastisches Fleisch besitzt, gehen wir zu den Lamellenpilzen, Teilschlüssel 2.
> Hier fahren wir mit 2 weiter, da der Pilz freie Lamellen besitzt und der Hut somit leicht vom Stiel trennbar ist. Das führt uns zu 3.
> Wie alle Wulstlinge hat der Fliegenpilz weißes Sporenpulver, daher führt 3.a weiter zu 4.
> Hier kommen nur noch 4.a oder 4.b infrage. 4.b bringt uns zu den Wulstlingen und Streiflingen, Seite 72, 258–264. Der Fliegenpilz ist also in der Familie der Wulstlingsverwandten (Amanitaceae) und genauer innerhalb der Gattung Wulstlinge (*Amanita*) zu finden. In diesem Buch ist er auf Seite 124 portraitiert.

Bestimmung der Hauptgruppen

1.a Frk. auf der Unterseite mit Lamellen, das heißt mit längs verlaufenden blattartigen Strukturen → **Blätterpilze → 2**

1.b Pilze ohne blattartige Strukturen auf der Hut-Unterseite, Fruchtschicht glatt oder mit Röhren, Poren oder Stacheln, oder ganzer Pilz nicht in Ober- und Unterseite gegliedert → **Röhrlinge, Porlinge → 4**

1.c Mittelgroße +/- trichterförmige Pilze, mit lamellenartigen, am Hut und Stiel angewachsenen, herablaufenden Leisten → **Leistlinge** (Pfifferlinge, usw.), ab Seite 86 und 182–189

1.d Die Sporenmasse wird im Innern des Fruchtkörpers entwickelt und von einer Gesamthülle umschlossen → **Bauchpilze** (Stäublinge/Kartoffelboviste), ab Seite 88 und 230–232

1.e Die Fruchtschicht wird auf der Außenseite in den oft wabenartigen oder runzeligen bis lappigen Vertiefungen gebildet. Die Sporen wachsen in Schläuchen heran, was nur mikroskopisch zu sehen ist → **Schlauchpilze** (Morcheln, Lorcheln, Becherlinge, usw.), ab Seite 90 und 240–245

2.a Brüchiges Fleisch, nirgends faserig; Sporenpulver weiß bis gelblich; Hüte oft lebhaft gefärbt, *ohne* Milchsaft → **Sprödblättler (Täublinge)**, ab Seite 70 und 194–206

2.b Brüchiges Fleisch, nirgends faserig; Sporenpulver weiß bis gelblich, Hüte oft lebhaft gefärbt, *mit* Milchsaft → **Sprödblättler (Milchlinge)**, ab Seite 70 und 208–219
Weder Täublinge (2a) noch Milchlinge (2b) → **(Keine Sprödblättler) → 3**

3. Fleisch faserig, elastisch oder fest, Hut-Unterseite mit Lamellen → **Teilschlüssel 2: Lamellenpilze**, ab Seite 68

4.a Röhren +/- leicht vom Hutfleisch trennbar, weich; Fleisch weder hart noch korkig → **Teilschlüssel 1: Röhrlinge**, ab Seite 80 und 164–177

4.b Hut-Unterseite aus runden, eckigen, labyrinthischen oder länglichen Poren, die nicht vom Fruchtkörper ablösbar sind, meist auf Holz → **Porlinge**, ab Seite 82 und 220–227

Teilschlüssel 1: Röhrlinge

1.a Poren rundlich und regelmäßig oder eckig → **2**
1.b Keine Poren, sondern Lamellen, radial verlängert, zusammengesetzt und/oder leicht herablaufend → **3**
2.a Stiele rau, oft schwarz, braun- oder rotschuppig, schlank, Hut meist mit weißlichen, grauen, braunen oder rötlichen Tönen → **Raufußröhrlinge**, Seite 166
2.b Stiel glatt, feinflockig oder genetzt, oft bauchig, mitunter sehr robuste, schwere Fruchtkörper → **Dickröhrlinge**, z.B. Seite 164–172
2.c Poren im Alter rosa, Geschmack bitter → **Gallenröhrling**, Seite 168
2.d Hut im Normalfall schmierig bis schleimig, Stiel mit oder ohne Ring, feinkörnig, mit Drüsenpunkten oder mit milchigen Tröpfchen besetzt → **Schmierröhrlinge**, z.B. Seite 176
2.e Hüte gewöhnlich **trocken**, matt bis filzig, Stiele schlank, meist ungenetzt → **Filzröhrlinge**, Seite 173
3. Huthaut glatt, Stiel ohne Ring, Hymenium lamellenartig mit zahlreichen Querverbindungen → **Lamellige Röhrlingsverwandte** (Kremplinge, Schmierlinge, Gelbfüße, Falscher Pfifferling), z.B. Seite 178–181

Teilschlüssel 2: Lamellenpilze, Sprödblättler

1. Hut und Stiel nicht leicht voneinander trennbar → **6**
2. Hut und Stiel leicht voneinander trennbar, Lamellen frei → **3**
3.a Spp weiß bis blass-cremefarben → **4**
3.b Spp rosa → **5**
3.c Spp dunkelbraun → **Champignons**, ab Seite 254
3.d Spp schwarz, Lamellen überwiegend frei
→ Lamellen und Sporenpulver zerfließen zur Reifezeit schnell mit dem Hutfleisch, Hut oft gerippt oder gerieft, auch schuppig → **Tintlinge**, z.B. Seite 292
→ Spp und Lamellen im Alter schwärzlich, Hut ausgebreitet bis glockenförmig, kein Ring am Stiel, Fleisch meist zerbrechlich → **Faserlinge**, z.B. Seite 285

4.a Stiel beringt, Basis ohne Volva → **Schirmlinge und verwandte Gattungen**, Seite 74, 108, 248–252

4.b Stiel beringt oder unberingt, Basis meist knollig, mit häutiger Volva oder Volva-Resten. Hutoberfläche oft mit +/- abwischbaren Flocken oder Schuppen → **Wulstlinge, Streiflinge**, ab Seite 258

5.a Stielbasis ohne Volva → **Dachpilze**, nicht im Buch zu finden, es gibt jedoch Literatur dazu

5.b Stielbasis mit häutiger Volva → **Scheidlinge**, z. B. Seite 265

6.a Spp weiß, Lamellen angewachsen, mit oder ohne Ring am Stiel → **7**

6.b Spp rosa, kein Ring am Stiel → **8**

6.c Spp in diversen Brauntönen, Lamellen meist bräunlich. Mit oder ohne Cortina (Cortina meist als spinnwebenartiger Schleier, +/– sichtbar) → **9**

7.a Meist relativ kompakte, fleischige Pilze mittlerer Größe. Hut und Stiel oft schleimig oder schmierig, ohne Ring am Stiel, höchstens mit schleimiger Ringzone. Lamellen herablaufend oder breit angewachsen → **Schnecklinge (Wachsblättler)**, z. B. Seite 296

7.b Eher kleinere, meist farbintensive Pilze, Hut oft spitz oder kegelig, glasartig durchscheinend oder fettig wirkend, Fleisch dünn und zerbrechlich, kein Ring am Stiel, Lamellen angewachsen, ganzer Fruchtkörper oft schleimig → **Saftlinge (Wachsblättler)**, nicht im Buch zu finden, es gibt jedoch Literatur dazu.

7.c Mittelgroße Arten, Lamellen ausgebuchtet angewachsen (Burggraben) → **Ritterlinge**, ab Seite 270

7.d Trichterförmige Pilze, ohne Ring am Stiel, mit +/- herablaufenden Lamellen → **Trichterlinge**, z. B. Seite 116, 276

7.e Ritterlings- oder Trichterlings-ähnlich, mit vom Hutfleisch leicht trennenden, verschiebbaren Lamellen → **Rötelritterlinge** und **Röteltrichterlinge**, Seite 272

7.f Kleine bis mittelgroße Pilze mit knorpeligem Stiel, Hutfleisch meistens sehr dünn, oft hygrophan → **Rüblinge**, z. B. Seite 295

7.g Kleine Arten. Fleisch zäh-elastisch, können trocken durch Anfeuchten wieder aufleben, Hutfleisch sehr dünn, Stiel ohne Ring → **Schwindlinge**, z. B. Seite 290

7.h Kleine Frk. mit vielfältigen Farben, Hut helmförmig, oft hygrophan und mit typischem Geruch nach Rettich oder Nitrat, Lamellen meist bauchig, einige Arten milchend, Stiel ringlos → **Helmlinge**, z. B. Seite 120

7.i Kleine bis mittelgroße Pilze, lila bis rötlich, Hüte hygrophan, Lamellen dicklich und entfernt stehend, Stiel ringlos mit Myzelfilz an der Basis, im Alter hohl und zäh → **Lacktrichterlinge (syn. Farbtrichterlinge)**, nicht im Buch zu finden, es gibt jedoch Literatur dazu.

8. Lamellen angewachsen, Stiel und Hutfleisch fest miteinander verbunden → **Rötlinge**, z. B. Seite 140

9.a Meist büschelig auf Totholz wachsende, kleine bis mittelgroße, +/- schwefelgelbe und hygrophane Pilze, Hutrand oft mit Velumresten behangen, Lamellen angewachsen, Stiel ohne Ring → **Schwefelköpfe**, z. B. Seite 150

9.b Kleine bis mittelgroße Arten, mit schleimiger, zum Teil schuppiger Hutoberfläche, Hutrand oft mit Velumresten behangen, Stiel mit Ring. Breit angewachsene Lamellen, mit violetten Reflexen → **Träuschlinge**, nicht im Buch zu finden, es gibt jedoch Literatur dazu.

9.c In der Regel farbenfrohe, je nach Untergattung verschieden gestaltete Fruchtkörper. Pilze von einem feinen, spinnwebenartigen Schleier (Cortina) umgeben. Angewachsene Lamellen → **Schleierlinge (inkl. Untergattungen)**, z. B. Seite 76, 110–113, 266–269

9.d Kleinere bis mittelgroße Pilze mit +/- bräunlichen Hüten; Hüte oft (vor allem im älteren Stadium) radial einreißend, Hut meist kegelig. Angewachsene Lamellen, Stiel ringlos, Stielbasis häufig knollig verdickt. Geruch oft spermatisch → **Risspilze**, z. B. Seite 118

9.e Eher schmächtige Pilze, mit fahlen, eintönigen Farben. Huthaut oft schmierig. Milchkaffeebraune, angewachsene Lamellen (viele Arten tränend), ringlose Stiele, oft mit Velumresten behangen; Geruch oft rettichartig oder nach Kakao oder Marzipan riechend → **Fälblinge** (Keine Speisepilze), z. B. Seite 149

Der Inhalt dieses Buches ist sorgfältig recherchiert und erarbeitet worden. Die vorliegenden Ausführungen beruhen auf dem aktuellen Wissensstand und wurden nach bestem Wissen geprüft. Dennoch übernehmen Autoren und Verlag keinerlei Haftung für Schäden irgendwelcher Art, die sich direkt oder indirekt aus dem Gebrauch der in diesem Buch vorgestellten Informationen ergeben können.

AT Verlag AG, Aarau und München
Coverbilder: Daniel Schwingenschlögl;
Innenklappe hinten: iStock.com/bauwimauwi
Lektorat: Petra Holzmann
Gestaltung: AT Verlag und Martina Mullis, typo-werk.ch
Satz: Martina Mullis, typo-werk.ch
Bildbearbeitung: Christian Spirig, bilderbub.ch
Druck und Bindearbeiten: Graspo CZ, a.s.
Printed in Czechia

MIX
Papier | Fördert gute Waldnutzung
FSC® C010798

ISBN 978-3-03902-226-7

www.at-verlag.ch

Der AT Verlag wird vom Bundesamt für Kultur
für die Jahre 2021–2024 unterstützt.